张景中科普文集

ZHANG
JINGZHONG
KEPU WENJI

张景中　彭翕成◎著

数学哲学

長江出版傳媒
湖北科学技术出版社

图书在版编目(CIP)数据

数学哲学 / 张景中，彭翕成著．—武汉：湖北科学技术出版社，2017.6（2019.11 重印）
ISBN 978-7-5352-9533-0

Ⅰ．①数…　Ⅱ．①张…　②彭…　Ⅲ．①数学哲学—少年读物　Ⅳ．①01-0

中国版本图书馆 CIP 数据核字（2017）第 172475 号

责任编辑：杨宁巍　　封面设计：喻　杨

出版发行：湖北科学技术出版社　　电话：027-87679451
地　　址：武汉市雄楚大街 268 号　　邮编：430070
（湖北出版文化城 B 座 13-14 层）
网　　址：http：//www.hbstp.com.cn

印　　刷：武汉市金港彩印有限公司　　邮编：430023

710×1010　1/16　　15.25 印张　　270 千字
2017 年 8 月第 1 版　　2019 年11月第 2 次印刷
定价：58.00 元

总序

ZONGXU

感谢湖北科学技术出版社督促我将这30多年里写的科普作品回顾整理一下。我想人的天性是懒的，就像物体有惰性。要是没什么鞭策，没什么督促，很多事情就做不成。我的第一本科普书《数学传奇》，就是在中国少年儿童出版社的文赞阳先生督促下写成的。那是1979年暑假，他到成都，到我家里找我。他说你还没有出过书，就写一本数学科普书吧。这么说了几次，盛情难却，我就试着写了，自己一读又不满意，就撕掉重新写。那时没有电脑或打字机，是老老实实用笔在稿纸上写的。几个月下来，最后写了6万字。他给我删掉了3万，书就出来了。为什么要删？文先生说，他看不懂的就删，连自己都看不懂，怎么忍心印出来给小朋友看呢？书出来之后，他高兴地告诉我，很受欢迎，并动员我再写一本。

后来，其他的书都是被逼出来的。湖南教育出版社出版的《数学与哲学》，是我大学里高等代数老师丁石孙先生主编的套书中的一本。开策划会时我没出席，他们就留了“数学与哲学”这个题目给我。我不懂哲学，只好找几本书老老实实地学了两个月，加上自己的看法，凑出来交卷。书中对一些古老的话题如“飞矢不动”“白马非马”“先有鸡还是先有蛋”“偶然与必然”，冒昧地提出自己的看法，引起了读者的兴趣。此书后来被3家出版社出版。又被选用改编为数学教育方向的《数学哲学》教材。其中许多材料还被收录于一些中学的校本教材之中。

《数学家的眼光》是被陈效师先生逼出来的。他说，您给文先生写了书，他退休了，我接替他的工作，您也得给我写。我经不住他一再劝说，就答应下来。一答应，就像是欠下一笔债似的，只好想到什么就写点什么。5年积累下来，写成了 6 万字的一本小册子。

这是外因，另外也有内因。自己小时候接触了科普书，感到帮助很大，印象很深。比如苏联伊林的《十万个为什么》《几点钟》《不夜天》《汽车怎样会跑路》；我国顾均正的《科学趣味》和他翻译的《乌拉·波拉故事集》，刘薰宇的《马先生谈算学》和《数学的园地》，王峻岑的《数学列车》。这些书不仅读起来有趣，读后还能够带来悠长的回味和反复的思索。还有法布尔的《蜘蛛的故事》和《化学奇谈》，很有思想，有启发，本来看上去很普通的事情，竟有那么多意想不到的奥妙在里面。看了这些书，就促使自己去学习更多的科学知识，也激发了创作的欲望。那时我就想，如果有人给我出版，我也要写这样好看的书。

法布尔写的书，以十大卷的《昆虫记》为代表，不但是科普书，也可以看成是科学专著。这样的书，小朋友看起来趣味盎然，专家看了也收获颇丰。他的科学研究和科普创作是融为一体的，令人佩服。

写数学科普，想学法布尔太难了。也许根本不可能做到像《昆虫记》那样将科研和科普融为一体。但在写的过程中，总还是禁不住想把自己想出来的东西放到书里，把科研和科普结合起来。

从一开始，写《数学传奇》时，我就努力尝试让读者分享自己体验过的思考的乐趣。书里提到的“五猴分桃”问题，在世界上流传已久。20 世纪 80 年代，诺贝尔奖获得者李政道访问中国科学技术大学，和少年班的学生们座谈时提到这个问题，少年大学生们一时都没有做出来。李政道介绍了著名数学家怀德海的一个巧妙解答，用到了高阶差分方程特解的概念。基于函数相似变换的思想，我设计了“先借后还”的情景，给出一个小学生能够懂的简单解法。这个小小的成功给了我很大的启发：写科普不仅仅是搬运和解读知识，也要深深地思考。

在《数学家的眼光》书中，提到了祖冲之的密率 355/113 有什么好处的问题。数学大师华罗庚在《数论导引》一书中用丢番图理论证明了，所有分母不超过 366 的分数中，355/113 最接近圆周率 π。另一位数学家夏道行，在他的《e 和 π》一书中用连分数理论推出，分母不超过 8000 的分数中，355/113 最接近圆周率 π。在学习了这些方法的基础上我做了进一步探索，只用初中数学中的不等式知识，不多几行的推导就能证明，分母不超过 16586 的分数中，355/113 是最接近 π 的冠军。而 52163/16604 比 355/113 在小数后第七位上略精确一点，但分母却大了上百倍！

我的老师北京大学的程庆民教授在一篇书评中，特别称赞了五猴分桃的新解法。著名数学家王元院士，则在书评中对我在密率问题的处理表示欣赏。学术前辈的鼓励，是对自己的鞭策，也是自己能够长期坚持科普创作的动力之一。

在科普创作时做过的数学题中，我认为最有趣的是生锈圆规作图问题。这个问题是美国著名几何学家佩多教授在国外刊物上提出来的，我们给圆满地解决了。先在国内作为科普文章发表，后来写成英文刊登在国外的学术期刊《几何学报》上。这是数学科普与科研相融合的不多的例子之一。佩多教授就此事发表过一篇短文，盛赞中国几何学者的工作，说这是他最愉快的数学经验之一。

1974 年我在新疆当过中学数学教师。一些教学心得成为后来科普写作的素材。文集中多处涉及面积方法解题，如《从数学教育到教育数学》《新概念几何》《几何的新方法和新体系》等，源于教学经验的启发。面积方法古今中外早已有了。我所做的，主要是提出两个基本工具（共边定理和共角定理），并发现了面积方法是具有普遍意义的几何解题方法。1992 年应周咸青邀请访美合作时，从共边定理的一则应用中提炼出消点算法，发展出几何定理机器证明的新思路。接着和周咸青、高小山合作，系统地建立了几何定理可读证明自动生成的理论和算法。杨路进一步把这个方法推广到非欧几何，并发现了一批非欧几何新定理。国际著名计算机科学家保伊尔（Robert S. Boyer）将此誉为计算机处理几何问题发展道路上的里程碑。这一工作获 1995 年中国科学院自然科学一等奖和 1997 年国家自然科学二等奖。从教学到科普又到科学研究，20 年的发展变化实在出乎自己的意料！

在《数学家的眼光》中，用一个例子说明，用有误差的计算可能获得准确的结果。基于这一想法，最近几年开辟了"零误差计算"的新的研究方向，初步有了不错的结果。例如，用这个思想建立的因式分解新算法，对于两个变元的情形，比现有方法效率有上千倍的提高。这个方向的研究还在发展之中。

1979—1985 年，我在中国科学技术大学先后为少年班和数学系讲微积分。在教学中对极限概念和实数理论做了较深入的思考，提出了一种比较容易理解的极限定义方法——“非 ε 语言极限定义”，还发现了类似于数学归纳法的“连续归纳法”。这些想法，连同面积方法的部分例子，构成了 1989 年出版的《从数学教育到教育数学》的主要内容。这本书是在四川教育出版社余秉本女士督促下写出来的。书中第一次提出了“教育数学”的概念，认为教育数学的任务是“为了数学教育的需要，对数学的成果进行再创造。”这一理念渐渐被更多的学者和老师们认同，导致 2004 年教育数学学会（全名是“中国高等教育学会教育数学专业委员会”）的诞生。此后每年举行一次教育数学年会，交流为教育而改进数学的心得。这本书先后由三家出版社出版，从此面积方法在国内被编入多种奥数培训读物。师范院校的教材《初等几何研究》（左铨如、季素月编著，上海科技教育出版社 1991 年出版）中详细介绍了系统面积方法的基本原理。已故的著名数学家和数学教育家，西南师大陈重穆教授在主持编写的《高效初中数学实验教材》中，把面积方法的两个基本工具“共边定理”和“共角定理”作为重要定理，教学实验效果很好。1993 年，四川都江教育学院刘宗贵老师根据此书中的想法编写的教材《非 ε 语言一元微积分学》在贵州教育出版社出版。在教学实践中效果明显，后来还发表了论文。此后，重庆师范学院陈文立先生和广州师范学院萧治经先生所编写的微积分教材，也都采用了此书中提出的“非 ε 语言极限定义”。

10 多年之后，受林群先生研究工作的启发带动，我重启了关于微积分教学改革的思考。文集中有关不用极限的微积分的内容，是 2005 年以来的心得。这方面的见解，得到著名数学教育家张奠宙先生的首肯，使我坚定了投入教学实践的信心。我曾经在高中尝试过用 5 个课时讲不用极限的微积分初步。又在南方科技大学试讲，用 16 个课时不用极限讲一元微积分，严谨论证了所有的基本定理。初步实验的，效果尚可，系统的教学实践尚待开展。

也是在 2005 年后，自己对教育数学的具体努力方向有了新的认识。长期以来，几何教学是国际上数学教育关注的焦点之一，我也因此致力于研究更为简便有力的几何解题方法。后来看到大家都在删减传统的初等几何内容，促使我作战略调整的思考，把关注的重点从几何转向三角。2006 年发表了有关重建三角的两篇文章，得到张奠宙先生热情的鼓励支持。这方面的想法，就是《一线串通的初等数学》一书的主要内容。书里面提出，初中一年级就可以学习正弦，然后以三角带动几何，串联代数，用知识的纵横联系驱动学生的思考，促进其学习兴趣与数学素质的提高。初一学三角的方案可行吗？宁波教育学院崔雪芳教授先吃螃蟹，做了一节课的反复试验。她得出的结论是可行！但是，学习内容和国家教材不一致，统考能过关吗？做这样的教学实验有一定风险，需要极大的勇气，也要有行政方面的保护支持。2012 年，在广州市科协开展的“千师万苗工程”支持下，经广州海珠区教育局立项，海珠实验中学组织了两个班的初中全程的实验。两个实验班有 105 名学生，入学分班平均成绩为 62 分和 64 分，测试中有三分之二的学生不会作三角形的钝角边上的高，可见数学基础属于一般水平。实验班由一位青年教师张东方负责备课讲课。她把《一线串通的初等数学》的内容分成 5 章 92 课时，整合到人教版初中数学教材之中。整合的结果节省了 60 个课时，5 个学期内不仅讲完了按课程标准 6 个学期应学的内容，还用书中的新方法从一年级下学期讲正弦和正弦定理，以后陆续讲了正弦和角公式，余弦定理这些按常规属于高中课程的内容。教师教得顺利轻松，学生学得积极愉快。其间经历了区里的 3 次期末统考，张东方老师汇报的情况如下：

从成绩看效果

期间经过三次全区期末统考。实验班学生做题如果用了教材以外的知识，必须对所用的公式给出推导过程。在全区 80 个班级中，实验班的成绩突出，比区平均分高很多。满分为 150 分，实验一班有 4 位同学获满分，其中最差的个人成绩 120 多分。

	实验 1 班平均分	实验 2 班平均分	区平均分	全区所有班级排名
七年级下期末	140	138	91	第一名和第八名
八年级上期末	136	133	87.76	第一名和第五名
八年级下期末	145	141	96.83	第一名和第三名

这样的实验效果是出乎我意料的。目前，广州市教育研究院正在总结研究经验，

并组织更多的学校准备进行更大规模的教学实验。

科普作品，以“普”为贵。科普作品中的内容若能进入基础教育阶段的教材，被社会认可为青少年普遍要学的知识，就普得不能再普了。当然，一旦成为教材，科普书也就失去了自己作为科普的意义，只是作为历史记录而存在。这是作者的希望，也是多年努力的目标。

文集编辑工作即将完成之际，湖北科学技术出版社刘虹老师建议我写个总序。我从记忆中检索出一些与文集中某些内容有关的往事杂感，勉强塞责。书中不当之处，欢迎读者指正。

湖北科学技术出版社何龙社长和谢俊波主任热心鼓励我出版文集；还有华中师范大学国家数字化学习工程中心彭翕成老师（《绕来绕去的向量法》作者之一，该书中绝大多数例题和题解由他提供）为文集的出版付出了辛勤劳动，在此谨表示衷心的感谢。

张景中

2014年10月14日

目 录
MULU

第一章

“万物皆数”观点的破灭与再生——第一次数学危机与实数理论

联系数学的发展历史学习数学哲学，有趣而且有效。

数学史为数学哲学的研究提供了背景资料，让我们看到不同时期的数学家对数学的看法，他们的思想是如何产生和发展的。

西方数学史言必称希腊，这是因为希腊确实有其值得荣耀的地方。第一章从古希腊的毕达哥拉斯学派讲起，因为他们最早提出了系统的数学哲学思想。在今天看来，他们掌握的数学知识不多，但志向不小。他们面对浩瀚宇宙，希望寻找万物的本原，提出了“万物皆数”这样一个大一统的命题，并为论证该命题作出了很多的努力。

对于毕达哥拉斯学派用数来解释万物及其变化规律，恩格斯给出很高的评价，认为“宇宙的规律性第一次被说出来了”。

毕达哥拉斯学派对后世的数学哲学思想有着深远的影响。

面对$\sqrt{2}$这个新事物的出现，已有的体系已经容不下它。是把它驱逐出去，还是建立一个更大的体系来容纳它？

说清楚$\sqrt{2}$需要建立实数系统，需要把什么是连续性说清楚。这是一个古老的哲学问题。毕达哥拉斯学派和后来的许多哲学家都没有解决这个问题。在2000多年后，数学家解决了这个问题。因为这本质上是一个数学问题。

学习完本章，我们可以看到，数学和哲学自古以来就有密切的联系。

古代的哲学家大都是博学多才的人，他们不但能滔滔不绝地讲自己的哲学见解，还能讲自然现象、社会伦理，特别是数学的道理。你不要以为这是因为古人特别聪明，或是后来的哲学家不行了。这主要是因为那时各门科学还没有分家，哲学就是包罗万象的学问。另外，那时人类的知识比现在贫乏得多。所谓博学，是相对于当时多数人知识贫乏而言的。实际上，古代所谓精通数学的哲学家，他的数学知识未必赶得上今天的中学生。

在古希腊，哲学家大都格外重视数学。最早的唯物主义哲学家泰勒斯，提出原子唯物论的德谟克利特，最早的唯心主义哲学家毕达哥拉斯，都曾到埃及学习几何知识。创立理念论唯心主义体系的柏拉图，也特别推崇数学知识。在这些人当中，最推崇数学、在数学上成就最大的，当推毕达哥拉斯。

1.1　毕达哥拉斯学派的信条——万物皆数

毕达哥拉斯（约前 580—前 500）是古希腊著名的数学家和哲学家，早年曾游历埃及、波斯学习几何、语言和宗教知识，回意大利后在一个名叫克罗顿的沿海城市定居。在那里，他招收了 300 个门徒，建立了一个带有神秘色彩的团体，这个团体被人们称为毕达哥拉斯学派。

毕达哥拉斯被他的门徒们奉为圣贤。凡是该学派的发明、创见，一律归功于毕达哥拉斯。这个学派传授知识，研究数学，还很重视音乐。“数”与“和谐”，是他们的主要哲学思想。

他们沉醉于数学知识带给他们的快慰，产生了一种幻觉：数是万物的本原；数产生万物，数的规律统治万物。他们认为：1 是最神圣的数字，1 生 2，2 生诸数，数生点，点生线，线生面，面生体，体生万物。他们研究数与形状的关系，研究数与音乐的关系。

毕达哥拉斯强调事物间数量关系所起的重要作用，这在人类认识史上是一个进步。

与此类似，我国古代老子《道德经》中也有“道生一、一生二、二生三、三生万物”的说法，这也近于万物皆数的哲学思想，只是没那么明确和系统罢了。有趣的是，正是毕达哥拉斯学派自己的发现，导致了“万物皆数”理论的破灭。

1.2　第一个无理数

形如$\frac{a}{b}$的数（其中a，b是正整数），我们今天称之为分数，而毕达哥拉斯则认为$\frac{a}{b}$并不是单个实体，而是两个整数之间的一个比例关系。在这样的基础上，毕达哥拉斯学派发展了初步的比例理论。

用现代数学的观点来看，整数有序对（a，b）之间适当定义了运算，就叫有理数。但毕达哥拉斯认为分数表示的量既然能够用整数比来表示，那也就没有必要将分数单独列出来了。那么，是不是存在某一些量不能用整数比来表示呢?

毕达哥拉斯在欧洲是第一个发现勾股定理并给出证明的人。据说，他在观察地板上的方形图案时，发现以直角三角形的斜边为边长的正方形的面积（图1.2-1），恰好是以这个直角三角形的两条直角边为边长的两个正方形的面积之和，于是受到启发，进一步找出了一般证明。

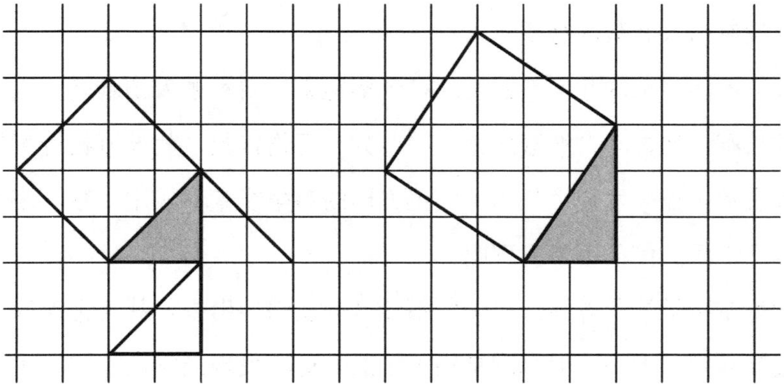

图1.2-1

根据勾股定理，边长为 1 的正方形，其对角线的长度应当是$\sqrt{2}$。毕达哥拉斯的门徒希帕苏斯发现，$\sqrt{2}$既不是自然数，也不是分数。因为，如果有两个自然数 m 和 n 使

$$\sqrt{2}=\frac{n}{m}\ (\frac{n}{m}\text{既约}), \tag{1.1}$$

则两端平方后可得

$$2m^2=n^2。 \tag{1.2}$$

由于 $2m^2$ 是偶数，所以 n 必为偶数。又因为$\frac{n}{m}$既约，所以 m 是奇数。于是式（1.2）左端不能被 4 整除，右端可以被 4 整除，矛盾。

这个事实的发现，是毕达哥拉斯学派的一大成就。因为它不能从经验与观察得出，只能靠抽象的思考证明，它标志着人类的思维有了更高的抽象能力。

关于勾股定理，在中国、巴比伦，有的数学家比毕达哥拉斯知道得早得多。但是东方数学家始终没有发现$\sqrt{2}$不能表示为分数这一矛盾。这也许与东方数学仅着重于解决实际问题、忽视抽象思维有关。试想一下？谁也不会去买$\sqrt{2}$匹布、$\sqrt{5}$只羊？卖东西的不好卖，给钱也不好给。这一现象颇有趣。也许数学史与哲学史的研究者能从社会、政治、文化的角度作更好的说明。

在日常生活中，用到小数点后两位数字足矣。即从理论上讲，有理数似乎也够用。容易证明，有理数是处处稠密的，即任意两个有理数之间还有有理数。因此好像并没有引入新数的必要。

有理数不能表示的几何量的发现，令毕达哥拉斯学派大伤脑筋。因为他们心目中的数只有自然数与自然数之比——分数。万物皆数，就是万物皆可用自然数或分数来表示，如今发现边长为 1 的正方形的对角线竟不能用“数”来表示，岂不证明自己学派的信条不是真理吗？

毕达哥拉斯学派千方百计封锁，不让这一发现传出去，甚至把泄露了这一秘密的希帕苏斯抛入大海。但真理是锁不住的，这个发现最终还是被传播开来。

当时研究数学的希腊学者们，虽然不一定赞同“万物皆数”的观点，却仍认

为在数学当中，算术比几何更基本、更重要。现在知道了有些几何线段不能用数来表示，他们便对数的重要性产生了怀疑，转而把几何看成更基本的数学了。于是，几何学的研究便繁荣昌盛起来。直到非欧几何被发现，几何在数学中的基础地位才又让位于算术。

1.3 无理数之谜

本来，哲学家们认为世界上的量都可以用数来表示。你看，在一根长为 1 的线段上，中点可以用$\frac{1}{2}$表示；把线分成 3 段，分点可以用$\frac{1}{3}$和$\frac{2}{3}$表示；分成 5 段，分点可用$\frac{1}{5}$，$\frac{2}{5}$，$\frac{3}{5}$，$\frac{4}{5}$表示……也就是说，分数可以表示极小极小的量。任何两个分数，无论它们在数轴上挨得多么近，它们之间总还有无穷多个分数。但现在这么多的数，居然不能表示某些线段的长度。这一事实令当时的哲学家极度震惊，数的万能的力量被否定了！这就是数学史上的第一次数学危机。

那么，边长为 1 的正方形的对角线的长度究竟是什么？是$\sqrt{2}$。$\sqrt{2}$又是什么呢？它是不是数？不是数，为何能表示确定的几何量？是数，为何求不出它的准确值？在这个问题上，欧洲哲学家与数学家在2000多年间一直陷在迷雾中。数学家们一方面为了解题不得不使用根式，另一方面又说不清带根号而得不出准确值的东西是不是数。直到 17 世纪，还有一些数学家坚决不承认无理数是数。

无理数之谜与连续性的概念密切相关。

1.4 连续性的奥秘

世界上有些平平常常的事，仔细想想又有点怪。比如说，两个朋友几天不见了，偶然在街上碰见，彼此马上就能认出来，打招呼。能认出来，似乎是当然的事。可是细追究起来，这又很怪。几天之内，两人的模样变了没有呢？当然变了。要是几天之内不变，那几年、几十年也不会变，人怎么能由小到大，到老呢？既然变了，又为什么能认出来呢？只能说，变化很小。变化小到什么程度呢？时间越短，变化越小。如果你盯着一个婴儿不停地看，你简直不可能说他在变。其实几年之后，他确实明显变大了。这变化是逐渐的、不间断的。

世界上的事物在不停地变化。尽管如此，我们仍能知道甲是甲，乙是乙，这是因为事物的变化大多是一点一点改变的，通常不会一下子突然变个样。这就给我们一种感觉：许多变化是连续的。

事物变化的连续性是我们的感觉，但感觉不一定都是正确的。电影实际上是由许多不同的画面构成的，它不是连续变化的。可是因为相继的两个画面相差甚微，我们便以为它是连续的了。直觉告诉我们，世界上许多事物的变化是真正连续的，不是像电影那样由微小的跃变所组成的。测量技术永远不可能证实这种直觉。事实上，如果物质由分子、原子组成，事物的成长是不可能连续进行的。不过，这并不妨碍我们形成“连续”的概念。我们可以想：时间的变化是连续的，运动是连续的。一个点从一条线段的这一端到达另一端，它应当经过线段上的所有点！

经过所有点又是什么意思呢？设线段长度是 1，我们来考查运动的点与出发点的距离。在运动中，这个距离从 0 渐渐变为 1。它经过线段上的所有点，就是这个距离的数值取遍 0 到 1 之间的一切数。

那么，0 到 1 之间的一切数又是哪些数呢？当初，人们还不知道$\sqrt{2}$这种无理数，这一切数就指比 0 大比 1 小的分数。有了无理数，就麻烦了。在 0 与 1 之间有无穷多个无理数，像$\frac{\sqrt{2}}{2}$，$\frac{\sqrt{2}}{3}$，$\frac{\sqrt{3}}{4}$，等等。是不是把这些带根号的怪物添上就够了呢？很难说。说不定什么时候又发现了新的无理数。

连续性的问题是自古以来哲学家们都谈论过的问题，它与无穷问题密切相关。因为连续变化必然经过无穷个不同的阶段。毕达哥拉斯、芝诺、亚里士多德、莱布尼茨等学者都讨论过连续性问题。然而如何建立“连续性”概念，始终是摆在哲学家面前的难题。

这困难不可能在哲学中解决。因为它已转化为数学上的困难：在 0 与 1 之间，除了有理数之外究竟还有哪些数？更进一步，“全体实数”是哪些东西？

哲学对连续性的看法是说不清楚的。对于数学家与物理学家来说，在弄清实数是什么之前，对连续性的看法也是说不清的。

例如，亚里士多德认为，当两个互相接触的物体各自的端点成为两者的共同端点时，就会出现连续的连接。他不承认连续直线由无穷多点组成的说法。伽利略反对亚里士多德的看法，认为连续的东西可以由无限个元素组成，好比一种可以研成极细粉末的固体。

莱布尼茨提出了“连续性定律”，认为世界上的一切东西都是连续变化的。他和牛顿大体上有相同的看法：数学上的连续性是用无穷小量来定义的一个理想概念。这个无穷小量，似乎类似于伽利略的“极细粉末”。

这里有一个困难；一粒粉末有没有体积？如果体积是 0，加起来岂不还是 0？如果体积不是 0，无穷粒粉末加起来体积又怎能有限呢？可能亚里士多德已经看到了这个困难，所以坚决反对直线（或物体）由无穷多个点组成的看法。但是，正如伽利略指出的那样，有穷个不可分的东西组成的东西，又怎能连续变化呢？

1.5 戴德金分割

直到 19 世纪末，即经过2000多年的探索之后，连续统的公认概念才出现，数学上严格的实数理论建立了。

戴德金与康托几乎同时提出了实数理论。这里按戴德金的方法陈述。

设想一条连续的直线，它由无穷多个点组成。取定原点和单位尺度，直线上的许多点都可以用分数表示。这是我们已经知道了的。我们又知道一些不能用分数表示的点，比如$\sqrt{2}$代表的点。我们不知道的是，为了使直线是连续的、天衣无缝的，还需要添上些什么。

设想用一把锋利无比的刀，猛地砍向直线，会发生什么情况呢？

这一刀，应当砍在直线的某一点 P 上。不然，砍在空隙里，直线还能叫天衣无缝吗？于是，如此细的直线被斩为两截。问题是：点 P 在哪一段上呢？左边还是右边？

我们只能说：不在左边，如图1.5-1（a）所示；就在右边，如图1.5-1（b）所示。

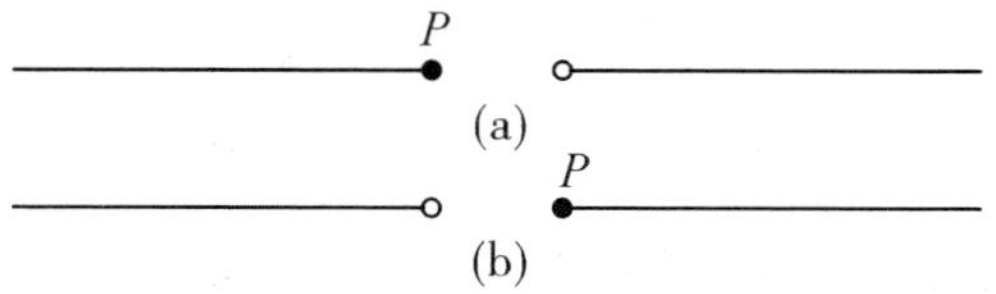

图1.5-1

这样一想，直线的连续性就归结为一个直观而简单的事实：不论从什么地方折断，折断的地方总有一个点。

然而这会不会成为同义反复呢？“地方”，不就是点吗？

我们可以设法消除这个同义反复的潜在危险，不用点来规定“地方”。

直线上已经有了很多用有理数表示的点。直线一断，就把这些有理点分成了较大和较小的两个集合，而直线的折断之处也给两个集合之间确定了一个位置。

用数学语言说，就是把有理数分成两个集合 A、B，如果 A 中每个数都比月中每个数小，那么这一对集合 $\{A, B\}$ 就叫做有理数的一个分割。A 叫做分割的下集，B 叫做分割的上集。有理数的分割确定了上下两集之间的位置。

有时这个位置已经被有理数占据了。比如，A 是所有的负分数之集，B 是其余的有理数，则 B 中有最小数 0，0 就是直线折断之处。因此，要是 A 有最大数或 B 有最小数，就说分割 $\{A, B\}$ 确定了一个有理数——即 A 的最大数或 B 的最小数。

如果 A 中没有最大数、B 中也没有最小数呢？这是可能发生的。比如，所有那些平方大于 2 的正有理数（如$\frac{8}{5}$，$\frac{5}{3}$，2，…）组成 B 集，其余的有理数组成 A 集。这个分割的下集无最大数，上集也无最小数。它留出了一个空隙，这个空隙就应当请一个无理数填补。这个无理数正是$\sqrt{2}$。

结论：有理数的一个分割确定一个实数。这个实数也许是有理数（如果分割不产生空隙），也许是无理数（如果有空隙）。

这种分割叫做“戴德金分割”。说得干脆一点，实数就是有理数的分割。利用有理数的＋、－、×、÷可以规定分割的四则运算，用有理数的大小可以定义分割的大小——这其实就定义了实数的＋、－、×、÷与大小。

回头再想，问题很简单。把有理数之间的缝隙都填上，直线不就连续了吗？问题本身就提供了解答！这么“简单”的答案，人类居然要经过2000多年才认识到！

科学的发展，重大概念的产生，其过程都是非常艰辛的。任何一个创造，在实现之前，都是困难的。因为人们是在无知中摸索，摸到之后，就成为简单的了。

实数说清了，一切事物的量变又可以用数来刻画了。

1.6 连续归纳原理

第一次数学危机被克服了，各种各样彼此实质等价的实数理论建立起来了。从那以后，数学家们建立了一系列的定理来刻画实数的性质。

有趣的是，有一条十分简单、十分便于应用和掌握的定理，直到 20 世纪 80 年代才被发现①②。

这就是连续归纳原理，或者叫连续归纳法。它与熟知的数学归纳法十分相似，请看：

关于自然数的数学归纳法

设 P_n 是一个涉及自然数 n 的命题，如果

(1) 存在某个自然数 k，使得对一切 $n<k$ 有 P_n 真；

(2) 若对一切 $n<m$ 有 P_n 真，则有 $N>m$，使 P_n 对一切 $n<N$ 也真；

那么，对一切自然数 n，P_n 真。

---

① 张景中. 连续归纳法与一般归纳原理 [J]. 四川教育学院学报，1986，(1)：1～8.

② 张景中，冯勇. 有序集的一般归纳原理和连续归纳法 [J]. 科技导报，2008，26 (6)：24～27.

关于实数的连续归纳法

设 P_x 是一个涉及实数 x 的命题，如果

(1) 存在某个实数 k，使得对一切 $x<k$ 有 P_x 真；

(2) 若对一切 $x<y$ 有 P_x 真，则有 $z>y$，使 P_x 对一切 $x<z$ 也真；

那么，对一切实数 x，P_x 真。

这两种归纳法极为相似。这在某种程度上说明了连续的实数系与离散的自然数系在一定条件下的统一性。

那么，连续归纳法在实数理论中有什么地位呢?

已经弄清：

(1) 它可以作为刻画连续性的公理，以替代目前实数理论中的有关公理。

(2) 从它可以用统一的模式推出已知的一系列关于实数的定理。

(3) 从它可以用统一的模式证明微积分中涉及连续性的各个命题。

连续归纳法的发现，有可能使实数理论变得更加简明而易于掌握，因而它也许会进入微积分的基础教程。

对于连续性的认识，数学上是越来越清楚了。可是哲学上的问题依然存在：数学上的连续性与人的感性上认识的连续性是不是一回事呢? 它与人的经验相不相符呢?

有各种看法。

柏拉图主义认为，数学上的连续性是精神的实在，而经验是对精神实在的认识。

20 世纪的大数学家希尔伯特认为，数学上的连续性是不能用于经验的，它是为了增强初等数学力量的辅助概念，我们只知道它不与初等数学矛盾。

庞加莱认为，数学上的连续性是从经验连续性逐步修改而来的，在一定条件下它与经验是一致的。

但是，要研究这个问题，就得先弄清什么是我们感觉上的连续性。这就涉及更困难的概念和更深刻的哲学争论与物理理论了。

1.7 “万物皆数”的再生

提出“万物皆数”的观点，是一个错误。因为数是概念，不是物，是物的数量特征在人的头脑中反映为数，不是客观存在的数转化为物。毕达哥拉斯把事情弄颠倒了。

但是，这个错误的背后是一个人类认识上的大进步——认识到数量关系在宇宙中的重要性。

而“万物皆数”观点的破灭，同样是一个错误。错误在于，认为数不足以表达万事万物了。错误又是由于一个大的进步引起的：发现了无理数。人们发现了无理数，又不敢承认它是数，这就是第一次数学危机。

这一危机的克服，使数真正具有了表达一切量的能力。

然而数学对数的认识并没有停留于此。数的概念在不断扩大：复数、四元数、超限数、理想数、非标准实数，各种各样的数都被创造出来了。数学创造出各种的数，用以表达世界上一切可以精确化、形式化的关系。数学工具、数学方法、数学思想空前地向各个学科渗透。100 多年以前，恩格斯还说过：数学在化学中的应用只不过是一次方程，在生物学中的应用等于 0。今天，情形已大不同了，我们已很难找出一个与数学无关的人类知识领域了。如果我们扬弃“万物皆数”观点中的唯心主义成分，把它理解为万物都与数有关的一种观点，也许未尝不可。

不是吗？一切实在物皆有形，形可以用数描述。运动与变化伴随着能量的交换与转化，能量可以用数表示。人的知识本质上是信息，信息可以用数记取。万物有质的不同，质又可以用数刻画。人们对世界的认识越深入，对数的重要性也越有深刻体会。数字城市、数字地球、数字家庭、数字电视、数字学习，万物皆数正在成为现实。

辩证法认为一切事物都包含着矛盾，即“一分为二”。为什么一切事物都包含着矛盾呢？为什么是一分为二而不是一分为三呢？哲学家对此没有进一步的研究与解答。也许，这正是因为事物的变化归根结底可以用数量的变化来描述。而数量变化，分解到每一维上，无非是增加与减少。表现出来，当然是矛盾的双方，而不是三方或多方了。

哲学从一开始，便与数学结下了不解之缘。在数学日益向一切学科渗透的今天，哲学如果想承担起“人类一切知识的概括与总结”的重任，是不是应当从数学中汲取更多的东西呢?

阅读材料

1.8　勾股定理的多种证明

勾股定理是几何学中的一颗璀璨明珠，历史悠久，证法繁多。千百年来对它的探讨从未停止过，人们不断提出新的证法，其中既有著名的数学家，也有业余的数学爱好者；既有普通的老百姓，也有尊贵的政要权贵，甚至有国家总统。

在西方，勾股定理又被称为毕达哥拉斯定理。相传，古希腊数学家毕达哥拉斯是通过观察地板图案发现了勾股定理。由于当时的地板图案都是一样大小的正方形，所以毕达哥拉斯最先发现的是勾股定理对于等腰直角三角形是成立的。

我们设计一种如图1.8-1所示的地板图案，你能从中发现勾股定理吗？如果你一眼就能看出该图蕴涵了勾股定理的三种证法，那么你的几何直觉相当不错！

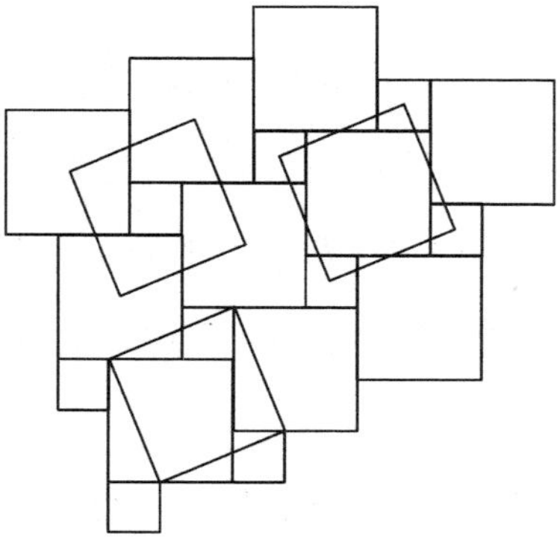

图1.8-1

其实，图中的奥妙远不局限于此。我们假设已经设计好了由一大一小两种正方形铺成的地板，然后拿一个正方形纸板（其边长的平方等于原来两个正方形的边长平方和）随手往上一扔，一扔就得到一种证法。扔到特殊位置，面积分割起来就比较简单一点；而扔到一般位置，面积分割起来就需要多一些工夫。目前，勾股定理的 400 多种证法中，绝大多数就是采用面积分割。

为了更清楚地展示，笔者用动态几何软件——“超级画板”制作了一个“勾股定理万能剪拼法”的课件。此课件使用很简单，只要拖动屏幕上两个点，就能批量产生勾股定理面积分割证明。有兴趣的读者可在网上下载或者向笔者索取。

1.9 无理数与第一次数学危机

也许，从毕达哥拉斯在地板砖的图案中有所发现的那一刻起，危机已经潜伏；更何况他还随身带着五角星的徽章，这样的五角星同样会带来危机。即将被宰的牛儿们都在哀鸣，为自己，可能还有别的事。

一个正方形被分割成两个等面积的小正方形，那么经过平移，马上就会发现一个较小的正方形又会被分割成两个更小的等面积正方形。

这一过程是没有尽头的。可怕的无穷！

图 1. 9-1 就像是一个谜语。如果看得不认真，很难领悟其中的玄机。假设 2 可以写成既约分数$\frac{p^2}{q^2}$（$p>q$），则必然能够找到 $p'=2q-p<p$，$q'=p-q<q$，使得$2=\frac{p'^2}{q'^2}$，也就是$\sqrt{2}=\frac{p}{q}=\frac{2q}{p}=\frac{2q-p}{p-q}$，相当于：如果 $p^2=2q^2$，则一定存在 $(2q-p)^2=2(p-q)^2$。而这一过程是无穷无尽的，与最小数原理矛盾。这样的证明和费马使用的无限下降法在思想上是完全一致的。

看事物的时候，总有个习惯角度，从而忽视了某些东西。在图1. 9-1 的大正方形内加了两个小正方形之后，同时又增加了三个小正方形。注意大正方形内部的三个小正方形的面积关系，就容易理解上述证明了。

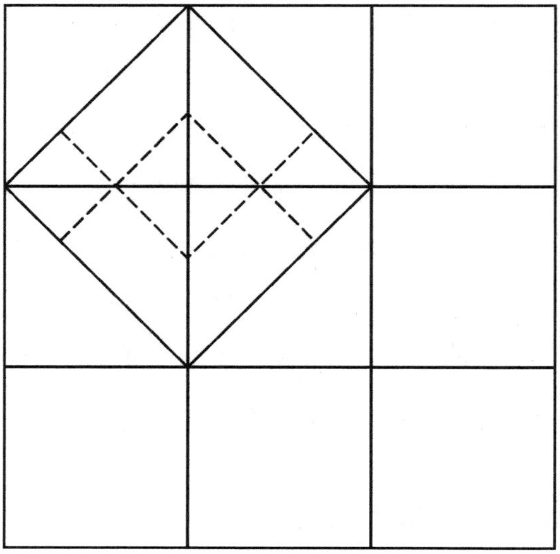

图1.9-1

毕达哥拉斯首先发现的是等腰直角三角形满足勾股定理，那么如果把直角边上的两个小正方形移到斜边上的大正方形中去，不就成了图1.9-1 了吗？这是否暗示着毕达哥拉斯发现勾股定理的那一刻起，危机就已存在呢？

毕达哥拉斯学派以五角星作为徽章，而五角星中却处处隐藏了另一个无理数 $\frac{\sqrt{5}-1}{2}$（有文献认为$\frac{\sqrt{5}-1}{2}$是第一个无理数，待考）。如图1.9-2 所示，作正五边形 $ABCDE$，在 AC 上取点 F，使得 $AF=AB$（实质上 F 也是 AC 与 BD 的交点）；在 AB，DC 延长线上分别截取 BH，CG 等于 CF，这样就构造出一个较小的正五边形 $BHGCF$；同样的，我们可以构造出正五边形 $HKJGI$。前一正五边形对角线与边长之差成为后一个正五边形的边长；前一个正五边形的边长等于后一个正五边形的对角线长度，这相当于一个辗转相减的过程，而这一过程可以无休止地进行下去。这就说明正五边形的一边与对角线的比值是无理数：$\frac{AB}{AC}=\frac{\sqrt{5}-1}{2}$，也就是著名的黄金分割比。

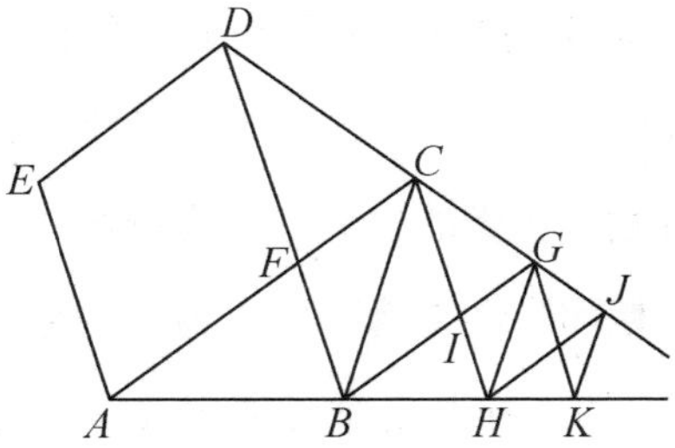

图1.9-2

哪怕是数学发展的早期，人们有意无意中，也会闯进无穷的领域，譬如图1.9-3、图1.9-4，而以当时的数学水平是很难理解无穷这个怪物的。关于无穷，后面还会详细论述。

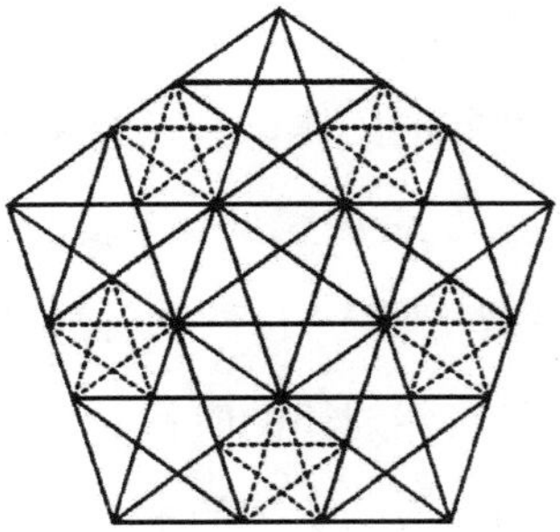

图1.9-3

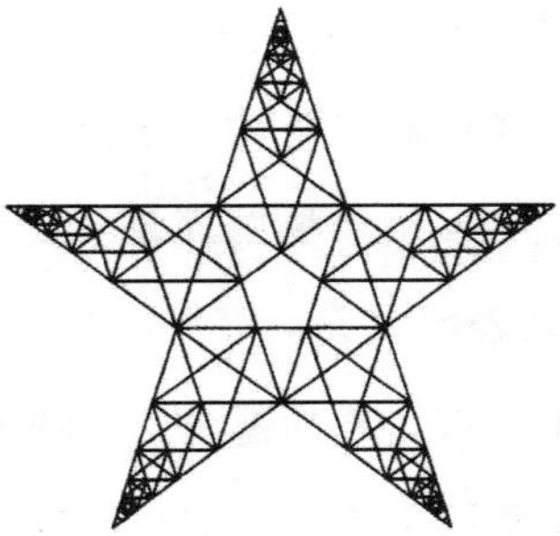

图1.9-4

1.10 中国古代文化中的“万物皆数”

与毕达哥拉斯学派类似，古代中国人也偏重自然数的运用，尤其是头十个。有诗为证：

无极生太极，太极生两仪，

两仪生三才，三才生四象，

四象生五行，五行生六合，

六合生七星，七星生八卦，

八卦生九宫，一切归十方。

《易传·系辞上传》更是把“数”看做理解万事万物的关键。所谓“太极生两仪，两仪生四象，四象生八卦，八卦定吉凶，吉凶生大业”，就是以“数”为骨架构建宇宙模式。譬如东汉的张衡为了迎合《周易》中的所谓“万物之数”，硬说天上的恒星为11520颗。

同时中国古人将数字赋予特殊的含义，认为奇数为阳，偶数为阴；奇数象征天和阳性事物，偶数象征地和阴性事物。以九为例，起初认为是龙形图腾文化的文字，继而演化为“神圣”“吉祥”之意。由于九是个位数字中最大的一个，常表示最多、无数的意思，如九天/九重霄/九重天（形容天非常高）、九盘（形容弯曲的道路）、九幽（形容极遥远幽深的地方）、九牛一毛、九死一生、九九归一等。

也许有读者会认为这样的说法没有科学依据，甚至还有人将中国科技的落后归咎于这些传统文化。

其实，毕达哥拉斯学派作为一个具有宗教性质的团体，神秘色彩更浓，同样地将某些数字赋予神秘的属性，如1表示理性，2表示意见，4表示正义，5表示婚姻，10表示完美，等等，并用这些属性去解释各种自然和社会现象，并广泛用于魔术、占星术和占卦。在解释自然现象和自然规律的时候，他们认为自然界中的一切都服从于一定的比例数，天体的运动受数学关系的支配，形成天体的和谐，于是硬要在当时已知的所谓九个天体（日、月、地、金、木、水、火、土、恒星天）之外，捏造一个“对地”星的存在。

我们要从历史发展的角度来看待问题。“万物皆数”观点的出现，就好比世界各地相继独立发现勾股定理一样，是一种普遍的现象，是社会发展到一定阶段的必然产物。人们的数学观念最初都是从直接经验出发的，逐步抽象、演绎，在这个过程中，人们一方面感受数的普适性，另一方面又不能摆脱数和形的现实原型的束缚，于是就出现了把数和形实体化，“万物皆数”的观点有其进步性和合理性，其历史地位应予以肯定。“万物皆数”的影响十分深远，甚至被某些学者认为是近代科学数学化的思想源头。譬如伽利略就坚信自然界这本“大书”是用数学语言写出的，自然界按照完美而不变的数学规律活动着，很多物理概念和规律必须从数学原理上加以说明，并不存在什么玄妙的质。

数学史家M.克莱因总结道，到了文艺复兴时期，毕达哥拉斯和柏拉图这种强调数量关系为现实精髓的思想逐步占据统治地位。哥白尼、开普勒、伽利略、笛卡儿、惠更斯和牛顿实际上在这方面都是毕达哥拉斯主义者，并且在他们的著作中都确定了这样的原则：科学工作的最终目标是确立定量的数学上的规律。

革命导师马克思更是认为："一门科学只有成功地运用数学时，才算达到了真正完善的地步。"

在古代，人们生产力水平低下，所掌握的科学文化知识非常少，因而对一些解释不清的事物加以牵强附会的解释或臆断，今人应该表示理解。随着科学的发展，这种成分是逐渐减少的。短文《万物皆数与炼金术》也许能给我们带来一些启示。

万物皆数与炼金术

黄金是一种昂贵的金属，被认为是财富的象征，因此，提炼黄金一直是人们梦寐以求的事情。中国古代有关点石成金的传说故事有不少，在现代人看来，这实在是无稽之谈。倒是有些人希望用朱砂（汞的氧化物）或汞之类的廉价金属为原料，经过冶炼，使其变为黄金，听起来更为可信一些。

不过这也是听起来的感觉而已。因为古今中外，无数人提炼黄金都没有成功！从科学的角度而言，物质变化必须遵循质量守恒定律，即物质反应前的原子种类和反应后的物质原子种类是不会发生变化的。也就是说炼金的丹炉中原来有什么样的原子，再怎么炼，最后丹炉里还是那么几种原子。这样的炼金方式纯属无中生有，水中捞月！

于是有人就以此为例，认为"数代表量，除量以外还有质，万物皆数岂不是否定了质"。

查元素周期表可知：金的元素序号是 79，汞的元素序号是 80；也就是说金的原子核具有 79 个质子，汞的具有 80 个质子。如果我们能用高科技手段从汞原子核中击出一个质子来，80－1＝79，汞就能变为金。汞和金质的差别，其实只是 80 和 79 数的差别。据说已经有科学家实验成功了，只不过实验的花费远超过所得金子的价值。若不改善实验手段，这种炼金术没有太大的实用价值。

不管最终能否实现人们点石成金的梦想，“万物皆数”的这种思想还是能够给我们带来一些启发，这是有价值的。就好比传统的炼金术虽然没有炼出黄金来，但因此发展起来的化学学科不是给我们带来了更多的宝贝吗？

1.11　一分为二和一分为三

有学者认为，事物变化，不只是一分为二，还存在一分为三，甚至是一分为多。并列举了大量实例：譬如事物分为大、中、小，层次分为高、中、低，派别分为左、中、右，关系分为敌、我、友，战果分为胜、降、和，连原子裂变，都分成质子、电子和中子。中国古代哲学更是如此，无论是前后、左右、上下、大小、多少、轻重、好坏、善恶、美丑等之间都还存在着一个“中”。

甚至一分为三也不能概括世间万物。譬如颜色，黑与白对立，黑白之间还有灰，而这灰色深深浅浅有无数种，此外还有赤、橙、黄、绿、青、蓝、紫多种颜色，于是便有人提出了一分为多的观点。

我们认为，一分为二是矛盾的基本形式，是对对立统一学说的通俗概括，具有较高的学术价值；而且其易于操作，实用性很强。同时，我们应该承认，一分为二不是唯一形式，应该允许学术争鸣，多样化发展。其实，一分为二和一分为三并不完全对立，可根据需要进行选择。譬如实数的分类，可分为正数、负数和0，也可以分成负数和非负数两大类。

笔者曾作短文两篇，并配图，附于后。

二分法

中国古代哲学博大精深，其辩证思想影响深远。

春秋时代的老子就是个二分法的高手，一分为二地看待世间万物，所著《道德经》处处都闪烁着辩证法的光芒。

宋代理学家朱熹更是将二分法推至极致，他认为一切事物都是由对立物组成的，进而提出对立的双方是由“一”化分出来，太极生两仪，两仪生四象，四象生八卦，“一分为二，节节如此，以至于无穷，皆是一生两尔”。

在数学中提到二分法，最先让人想到的可能是二分法求根。先判定其有解，然后每次取半，逐步逼近，终得正果。

如图1.11-1所示的二叉树充分体现了二分法的思想，从一条线段的一个端点再作两条线段，新作线段的长度和原来的线段成比例，并且和原来线段成一定角度。继续在两条新作的线段的另两个端点处分别又各作两条线段。如此继续，使线段的数目成倍增长。不久，即成树形。

上与下相对。如果是从上往下一分为二呢？请看英国科学家高尔顿设计的经典概率实验（图1.11-2）。从上端放入一个小球，任其自由落下。在下落过程中当小球碰到钉子时，从左边落下与从右边落下的机会相等，碰到下一排钉子时又是如此，最后落入底板中的某一格子。问题求解与杨辉三角有关，而杨辉三角与二分法也有莫大的关系。

图1.11-1

图1.11-2

一分为三：太极的变式

道生太极，太极两仪，四象八卦，乃至无穷。

事物是矛盾的，需要辩证地去看待；生活中这样，数学也是如此。譬如有和无，大和小，直和曲，分解和组合，整体和局部，抽象和具体，变量和常量，运动和静止，偶然和必然，有穷和无穷等。

数学中求方程近似根的方法很多，但二分法无疑是最经典的之一。归根结底，二分法求根的理论依据是零点存在定理。正负之间的过渡，必然存在零点！

又好比一个圆将平面分成有限的内部和无限的外部；圆内一点要想跑到圆外

去，就必须得穿越圆周，这看似显然的事实，却被数学家反复研究，称之为约当定理。

矛盾的双方是一个统一体，二者之间的转化常常需要第三者；而这第三者的表现形式多种多样，有时比较明确，有时却模糊不清，而有时却只能通过矛盾双方之间的关系本身才得以体现。因此，这个“三”具有忽隐忽现、不易为常人所发现的特性。譬如前面的“零点”“圆周”；又如计算机程序中将两个变量的值互换，常常就需要引入第三个变量。

事物的划分，并非总是非此即彼，往往由于中间的过渡性而导致了不确定性，这种亦此亦彼的模糊性就导致了模糊数学的产生。

世界也并不是非黑即白，将太极图变一变，从阴阳两仪到三足鼎立（图1.11-3），也别有一番味道！

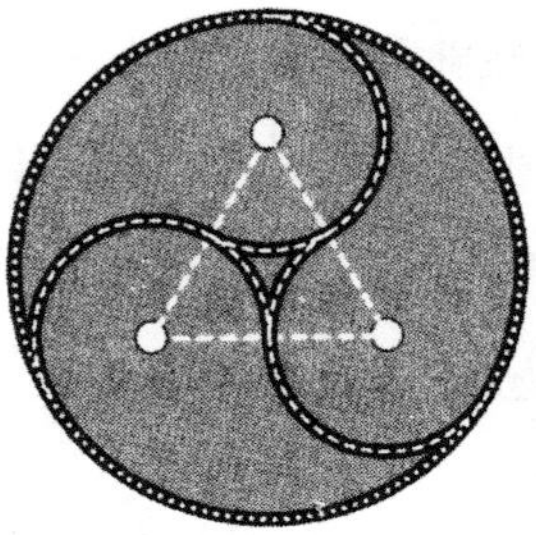

图1.11-3

思考和讨论

1. 点动成线，线动成面，面动成体。那么点有没有长度？如果有长度，点的长度为多少；如果没有，那么如何累积成有长度的线段？

2. 查阅连续归纳法相关文献，尝试使用连续归纳法证明微积分中涉及连续性的命题。

3. 戴德金分割的前提是“点是不可分的”，这是一个假设。如果点是可分的呢？如果一刀砍下，点被砍成两半，那又将如何？你能够在点可分割的前提下构思出一种连续的数系吗？

4. 你认为现实空间是连续的还是离散的？时间是连续的还是离散的？数学上用实数表示时间是近似的还是准确的？

第二章

哪种几何才是真的
——非欧几何与现代数学的“公理”

在 19 世纪前，各派的哲学家都不怀疑数学的绝对真理性。

那时数学的主干是欧氏几何。大家普遍认为，欧氏几何描述了现实空间的真实性质。非欧几何的出现改变了这一看法，数学的绝对真理性受到质疑。

欧氏几何是数学史上第一个公理化的知识系统。数学的公理是如何得来？为什么要选取这样的公理？公理可以修改替换吗？这些问题与数学的真理性密切相关，是数学哲学的基本问题之一。

数学不再是绝对真理，那它是什么？数学是像高山、大海一样独立于人而存在，还是完全是人的思想产物？或者是上帝为确保宇宙和谐，按照数学方式设计自然，而数学家所要做的就是要将上帝构造自然时所用的数学规律再找出来？数学究竟以何种形式存在，所谓数学的本体是什么，是数学哲学的又一个基本问题。

非欧几何对数学哲学的影响是深远的。它还促进了对数学公理化的研究，并引向对数学基础的深入研究。

公元前 3 世纪的希腊哲学家、形式逻辑学的奠基人亚里士多德认为，分析学或逻辑学是一切科学的工具，力图把思维形式和存在联系起来，并按照客观实际来阐明逻辑的范畴。

亚里士多德在逻辑推理研究过程中得出三段论法，并把它表达成一个公理系统，这是最早的公理系统。他关于逻辑的研究不仅使逻辑形成一个独立学科，而且对数学（特别是数学证明）的发展产生了深远的影响①。

欧几里得把形式逻辑的公理演绎方法应用于几何学，总结了前人得到的大量数学知识，提炼出一系列基本概念和公理，写出了经典著作《几何原本》。

据说除了基督教的《圣经》之外，印得最多、流传最广的书，就是《几何原本》了。

自从希腊人知道了$\sqrt{2}$不能用分数表示之后，他们将对“数”的热情转移到“形”上，使几何学得到辉煌的发展。欧几里得的《几何原本》，集当时全部几何知识之大成并加以系统化，构成一个标准化的演绎体系，把希腊几何提高到一个新水平。在2000多年的时期内，《几何原本》既是几何教科书，又被当成严密科学思维的典范。它对西方数学与哲学的思想，都有重要的影响。典型案例有牛顿的《自然哲学的数学原理》、斯宾诺莎的《伦理学》和美国的《独立宣言》等。

2.1 欧几里得的公理方法

欧几里得的《几何原本》，是一个严谨的借助演绎推理展开的系统。它从定义、公设、公理出发，一步一步地推证出了大量的、很不显然的几何定理。欧几里得在书中尽力对每一个几何术语加以定义，例如：

定义 1 点是没有部分的那种东西。

定义 2 线是没有宽度的长度。

---

① 爱因斯坦说：我们推崇古希腊是西方科学的摇篮。在那里，世界第一次目睹了一个逻辑体系的奇迹，这个逻辑体系如此精密地一步一步推进，以致它的每一个命题都是绝对不容置疑的——我这里说的就是欧几里得几何。推理的这种可赞叹的胜利，使人类理智获得了为取得以后的成就所必需的信心。如果欧几里得未能激起你少年时代的热情，那么你就不是一个天生的科学思想家。

定义 4 直线是同其上各点看齐的线。

定义 14 图形是被一个或几个边界所包含的那种东西。

除了定义之外，欧几里得还选择了一些不加证明而承认下来的命题作为基本命题。他把这些基本命题叫做公理或公设。公理是许多学科都用到的量的关系，如“与同一物相等的一些物，它们彼此相等”“全量大于部分”，等等。而公设则是专门为了几何对象而提出的。他有五条公理和五条公设。这些公设是：

公设 1 从一点到另一点可作一条直线。

公设 2 直线可以无限延长。

公设 3 已知一点和一距离，可以该点为中心，以该距离为半径作一圆。

公设 4 所有的直角彼此相等。

公设 5 若一直线与其他两直线相交，使得该直线一侧的两内角之和小于两直角，则那两直线延伸足够长后必相交于该侧。

这里应当说明一下，按现代数学的观点，公理与公设是一回事，没有必要加以区分。将公理与公设区分，是亚里士多德提出的。

欧几里得从公理、公设和定义出发，导出了数百条几何定理。这一杰作展示了逻辑的力量，显示出人类理性的创造能力。

不过，到 19 世纪，数学家们的严格性标准大大提高之后，发现《几何原本》并非像原来人们所认为的那样完美无瑕，它有两方面的逻辑漏洞。

一方面，它的证明中用到了公理、公设和定义没有包括的一些命题。这些命题要补充到公理当中去。

另一方面，它的定义有问题。为了定义点，它用到了“部分”这个术语；为了定义线，它用到了“宽度”与“长度”；为了定义直线，它用到了“看齐”；为了定义图形，它又用到“边界”。这样用不加定义的术语来说明要定义的术语，结果等于没有定义。这样的定义是不能在推理中使用的，因为在逻辑上我们不知道如何使用“部分”“长度”“宽度”“看齐”“边界”这些术语。

这些漏洞已经被 19 世纪的数学家们补上了。这里暂不叙述补漏洞的详情。我们转向一些哲学家关心的事。

2.2 欧几里得的几何定理是真理吗

欧几里得的《几何原本》向哲学家们建议了一种认识真理的方法：从少数几条明白清楚的前提出发，用逻辑工具证明你的结论。如果前提是真理，则结论也是真理。这一思想对哲学家们产生了重大影响。后来的许多哲学家，特别是唯理论派哲学家，都力图用欧几里得的方式写出自己的著作，阐述自己的学说与观点。

但是，一个更基本的问题出现了。怎么知道欧几里得的公设是真的呢？

2000多年中，哲学家们几乎一致认为，欧几里得的公设就是真理，是可以明确知道的东西。而且，多数哲学家认为这些公设既不是来自经验，也不是来自逻辑分析，而是来自人类理性的先天洞察能力。

确实，柏拉图早就宣称，我们用理性的眼睛看到“形式”的永恒王国；康德认为，人类在认知几何学时是在把握自己感观的先天结构。就连一些唯物主义的哲学家，在涉及几何学时，也不否认欧几里得几何的真理性。

那么，说这些公设是真的，是什么意思呢？比方说，说“两点可以确定一直线”，这里直线是什么意思呢？如果“直”线的意思不清楚，说“两点可以确定一直线”是“真”的又有什么意义呢？

哲学家们当然认为，“直”就是人们通常理解的直。

什么又是通常理解的直呢？我们有好几种标准。

（1）木工检验一条线直不直，是沿着它看。看，当然依赖于光。这就是说，光走的是直线。

（2）建筑工人确定地基时要拉线。这是认为，拉紧了的线是直的。

（3）直线是两点间最短的路线，是唯一的。

（4）过线的一端以另一端为圆心画圆。如果线是直的，圆周长应当是线长的 2π 倍。

还可以找到别的标准。

如果这些标准互相间矛盾了怎么办？大家认为，它们不会矛盾。确实，经验告诉人们这几条标准是一致的。

于是，人们没有理由怀疑欧几里得几何的真理性①。欧几里得几何被当做人类可以认识绝对真理的范例。至于逻辑漏洞，那是技术上的细节，补上就好了。

2.3 非欧几何的发现

既然把欧几里得的公设看成是人类理性可以洞察的自明之理，数学家自然按照这个标准来要求它。这么一要求，就发现第五公设叙述起来那么复杂，理解起来并不见得容易，很不像一条自明之理。

能不能把第五公设作为公设（即公理）的资格取消呢？这个诱人的思想吸引了欧几里得以后的许多数学家。要把它从公设的行列中赶出去，就只有用别的公设来证明它，使它成为一条定理。但是，企图证明第五公设的努力在2000多年中无一例外地失败了。每一个被提出的证明不是在逻辑上犯了错误，就是间接引进了另一条不加证明就承认了的命题。

对第五公设的研究，使人们的几何知识更丰富了。大家弄清楚了可以用另一些命题代替第五公设，而不改变欧几里得几何的内容。这些可以代替第五公设的命题有："过直线外一点能且仅能作一条平行线""三角形内角和等于两直角""过不在一直线的三点有且仅有一个圆""存在面积足够大的三角形"。但是如不引进一条别的命题，就是证明不了第五公设。

到了 19 世纪，数学家开始从反面入手想问题了。这叫做"回头是岸"。他们想：既然2000多年的努力都失败了，是不是根本不可能从另外几条公设出发证明

---

①《几何原本》的中文翻译者徐光启认为，"此书有四不必：不必疑、不必揣、不必试、不必改；有四不可得：欲脱之不可得，欲驳之不可得，欲减之不可得，欲前后更置之不可得。有三至三能：似至晦，实至明，故能以其明明他物之至晦；似至繁，实至简，故能以其简简他物之至繁；似至难，实至易，故能以其易易他物之至难。易生于简，简生于明，综其妙，在明而已。"徐光启指出，《几何原本》的突出特点在于其体系的自明性。这种认识是相当深刻的。

第五公设呢？如果假设第五公设不成立，用不与第五公设相容的公设代替它，推演下去又会如何呢？如果出了矛盾，就等于用反证法证明了第五公设。如果永远不出矛盾，岂不是发展出另一套几何系统吗？

果然，俄国数学家罗巴切夫斯基、匈牙利的波尔约和被称为“数学王子”的高斯几乎同时各自独立地发现了这另一种几何学。高斯怕引起争议而没有发表他的研究成果，而罗巴切夫斯基和波尔约都发表了这一研究成果。罗巴切夫斯基为这种一开始出现就遭到反对与讥笑的几何挺身辩护，坚持自己的观点。现在，这种几何叫罗氏非欧几何。

在罗氏非欧几何中，有许多不符合人们通常看法的结论。如过直线外一点可作无穷多条平行线，三角形内角和小于两直角，相似三角形必全等，圆周率大于 π，等等。

随后，黎曼提出了另一种非欧几何。在黎曼几何里，不存在平行线，直线不能无限延长，三角形内角和大于两直角，圆周率小于 π。

非欧几何的发展引起了热烈的争辩与探讨。2000多年来，大家以为只有一种真实的几何，那就是欧几里得几何。如果欧几里得几何是真的，那么另外的几何就应是假的。但是，反对非欧几何的人一直不能从非欧几何中推出矛盾。恰恰相反，数学家利用在欧氏几何之内构造模型的办法，证明了如果欧氏几何内部无矛盾，非欧几何也无矛盾。

例如，把球面上的大圆叫做“直线”，这样每两条“直线”都相交，由“直线”围成的三角形内角和就大于 18°（图2. 3-1），这正符合黎曼几何。如果黎曼几何有矛盾，那么这矛盾一定同样在欧氏几何的球面上表现出来。

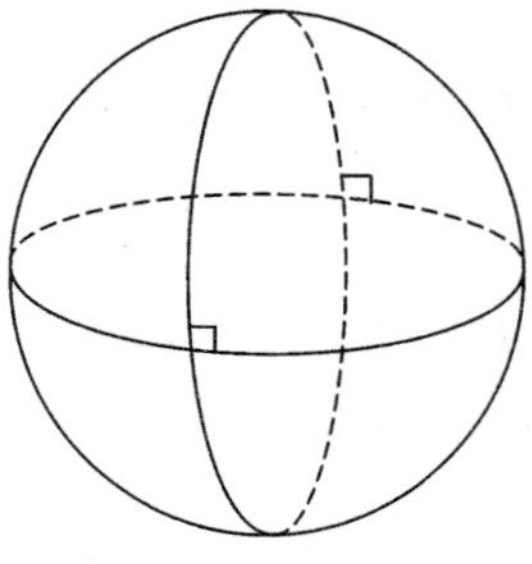

图2. 3-1

又例如，把欧几里得平面上的一个圆的内部看成罗巴切夫斯基平面，每条弦都叫做“直线”，这样，过弦外一点当然可以作无限多弦与此弦不相交，那就是有无穷多条平行线了。按某种特殊的“长度”与“角度”的计算方法，可以算出三角形“内角和”小于 180°。

这样，三种彼此矛盾的几何又成了同呼吸共命运的三“姐妹”。一个内部有矛盾，另外两个也就有矛盾！

非欧几何的创立影响是巨大的。正如 M. 克莱因所说：“在 19 世纪所有的复杂技术创造中间，最深刻的一个——非欧几何学，在技术上是最简单的。这个创造引起数学的一些重要新分支的产生，但它最重要的影响是迫使数学家们从根本上改变了对数学的性质的理解，以及对它和物质世界的关系的理解，并引出关于数学基础的许多问题，这些问题在 20 世纪仍然进行着争论。”

2.4 哪一个是真的

非欧几何的创立，让人无法回避这样的问题：三种几何学在逻辑上都能自圆其说，那么，哪一种是真的呢？

对纯数学家来说，这个问题好解决。三种都是真的。这就怪了，怎么可能三种都真呢？它们是彼此矛盾的呀？三角形的内角和，到底是大于 180°，小于 180°，还是等于 180°？

原来，纯数学家所说的真，是指不论哪种几何，只要它的公理公设成立，它的定理就成立。这么说，所谓真，不过指的是其逻辑上不自相矛盾而已。这当然不能令人满意。进一步问：哪种公理公设是真的呢？

数学家这时会反问，你怎么解释公理公设中出现的术语的意义呢？如果对直线、点等术语不加解释，不知道它们是什么，就不存在公理公设是真是假的问题。数学家经过2000多年的折腾，开始想通了：几何体系是个抽象系统，如果对其中的原始术语不给予指定的意义，就无所谓真假问题，就如象棋无所谓真假一样。

然而数学家这样回答问题，就忽略了哲学上最有意义的问题：如果按通常的意义来理解几何术语，哪种几何是真的？

这样把问题提得更加明确之后，非欧几何的出现就不足以动摇欧几里得几何的地位了。我们仍可以说：欧几里得几何中“直线”的性质，才是与现实空间相符合的，与我们的经验相一致的。而另两种几何，虽然逻辑上相容，但是其中所说的“直线”，在我们看来并不直。

对欧几里得几何真实性的最严重的挑战不是来自非欧几何，而是来自爱因斯坦的相对论。按照相对论，在引力场中，如果把光线看成直线，则三角形内角和大于两直角。如果把拉紧了的线当做直线，也是一样的。不过，三角形要足够大，边长是天文距离时，才能测量出三内角和与180°的差别。在地球上，是测不出来的。

如果我们把直线理解为光的路径，理解为拉紧了的绳子，那只好承认黎曼几何才是真的。爱因斯坦就是这么看的。

前面提到过，直的标准有好多条。原来大家以为这些标准是一致的，现在发现不一致了。如果认为“线段是两点间唯一的最短路线”，特别是认为“圆周率一定是π”才表明半径是直的，那就只好认为，光在引力场中走的是曲线，在引力场中绳子拉不紧，等等。这时，欧几里得几何必然成立。但是，这是因为我们选择的“直”的标准正好是欧几里得几何所要求的。

相对论动摇了欧几里得几何的地位，但没有否定欧几里得几何。它只是要人们在两种几何中作出选择：你要哪种几何?

如果你要欧几里得几何，可以。好处是数学上的简单，在牛顿力学中也适用，并且在地球上是符合经验的。只是在这种几何体系中相对论的物理语言变得麻烦了，比如光线走的是曲线。

你也可以选择黎曼几何。它适于描述广义相对论所说的空间现象。在地球上它与欧氏几何在经验上也是一致的。

两种几何哪个是真的?再把罗巴切夫斯基几何包括在内，三种几何哪个是真的?我们可以把它看成这样的问题：华氏温度计告诉我们体温是100度，而摄氏温度计告诉我们体温是36.5度，哪一个是真的?

如果采用2.2节“直”的标准中（1）（2）两条，就会认为欧氏几何的定律是经验假设，它已被事实所否定。而采取（3）（4）两条时，可以说欧氏几何是永远不会被物理所驳斥的必然真理。可是这丝毫证明不了康德关于几何真理是人类的先天洞察的论断。因为采用（3）（4）两条标准时，实质上是在说：只有符合欧几里得公设的线，才叫做直线！“真”仅仅表现了对术语理解的一致。

现在，物理学选择了黎曼几何，但是这并不妨碍中学生学他们的欧几里得几何，正如华氏、摄氏两种温度计都在使用一样。

如庞加莱所说：一种几何学不可能较另一种更真，它只能更方便。

2.5 公理是什么

2000多年间，数学家对公理的看法有了巨大变化。

从前，公理被认为是自明之理。自明之理是哪里来的呢？唯心论者认为是人的先天洞察，上帝给人的启示，人对理念的认识，等等；唯物论者认为公理来自人对客观世界规律性的认识，是经验的总结与升华；二元论者认为公理是人用先天的感知能力对经验总结的结果。虽然这些观点千差万别，但有一点是共同的：公理是真理，是相对真理或绝对真理，是不必再加以证明的命题。

受上述各种哲学观点的支配，数学家也倾向于认为公理应当是自明之理，是真理。只有从真理出发，才能得到真理。

现在，数学家的看法变了，没有什么自明之理。即使有，也不必要求数学公理是真理。数学公理是对数学对象的性质的约定。什么是直线，直线就是满足我的这几条公理的某种东西。满足欧几里得公理，叫欧氏直线；满足罗巴切夫斯基公理，叫罗氏直线；等等。

公理对不对，这个问题对数学家是没有意义的。数学家只说：如果某一些对象适合于这些公理，它一定也适合于从公理推出的定理。在这个意义上，数学定理总是对的，就如同中国象棋中“单车难破士象全”总是对的一样。它依赖于下棋的规则。

非欧几何的创立，标志着数学真理性的终结。数学家可以探索任何可能的问题，建构任何可能的公理体系，理论数学从此得到空前的发展。数学经历了一个自由的新生，它不再被束缚于直接从现实世界抽象而得的概念，而有了探索人类心智的创造的自由。

不过，也不是随便几条命题凑起来便可作为公理。首先，公理不能自相矛盾，也不能推出自相矛盾的东西。这叫做公理的相容性或协调性。其次，从精练的角度来说，任何一条公理都应不能从别的公理推出来。能推出来，就作为定理算了，何必算作公理呢？这叫做公理的相互独立性。还有一条完全性，就是在这个系统中，一切命题的真假都是可以确定的。一般说来，有了前两条，也就可以了。有人甚至认为独立性也不重要，最重要的是相容性。

对公理看法的这种进步，大大解放了数学家的思想。现代数学中各种公理系统层出不穷，谁也不能说谁的公理不对。然而，有些公理系统很有用，很受欢迎。有些公理系统没什么用，“束之高阁，并不实行”，建立之后渐渐被人们忘了，甚至没有人注意它。

数学家也是人，也要吃饭、穿衣，要靠社会供养，他自然希望自己的研究于人类有用。尽管他在逻辑上有建立任何能够自圆其说的公理系统的权力，但是他总还会想到“有什么用”的问题。这样，实际上被数学家重视的公理系统中的公理，总是在一定程度上反映了人们在社会实践中的经验，或代表了人类向某一未知领域探索的愿望，在这个意义上，公理也就不完全是人们任意的约定了。

最后，用棋类游戏为喻结束本章。

石桌面上刻着纵横相错的网格，旁边摆放着黑白两种颜色的棋子。你认为这一定是为下围棋准备的吗？未必，可以下围棋，还可以下五子棋。

围棋和五子棋最大的区别并不在于棋具，而是走棋的规则。同样的棋具，人们可以根据自己的兴趣爱好选择规则，进入完全不同的棋类世界。

人人都可以发明创造新的棋类游戏，规则的制订，当然可以由你说了算。但你发明的新游戏，是否吸引人，是否有人愿意玩，这可得由社会实践来检验了。

阅读材料

2.6 古今由圆外一点向圆作切线的不同

从欧氏几何诞生起就有少数人对它忐忑不安，其中包括欧几里得本人。他们主要怀疑的是第五公设。因为只有第五公设涉及无限，这是人们经验之外的东西。

下面以“由圆外一点 P 向⊙O 作切线”这一作图为例，说明欧几里得处理问题之严谨。

现在常见作法：如图2.6-1 所示，连接 OP，作中点 M，以 M 为圆心，MO 为半径作圆交⊙O 于 N，则 PN 即为所求作的切线。

《几何原本》作法：如图2.6-2 所示，连接 OP 交⊙O 于 A，过 A 作 OP 的垂线，交以 O 为圆心，OP 为半径的圆于点 B，连接 OB 交以 O 为圆心，OA 为半径的圆于点 C，则 PC 即为所求作的切线。

可能很多读者都会认为图2.6-1 的做法更简单一些，图2.6-2 的作法则走了点弯路。为什么《几何原本》不采用图2.6-1 的简单作法呢？以欧几里得之天才，不可能想不到啊？而一旦当你悟出二者的差别时，你一定会对欧几里得这位前辈充满敬意。因为三角形内角和定理与欧式平行公设是等价的，而圆直径所对的角为直角则是由三角形内角和等于 180°推导得到的。平行公设被认为是《几何原本》中“最大的疑点”，欧几里得使用图2.6-2 的做法，就是希望避开它。

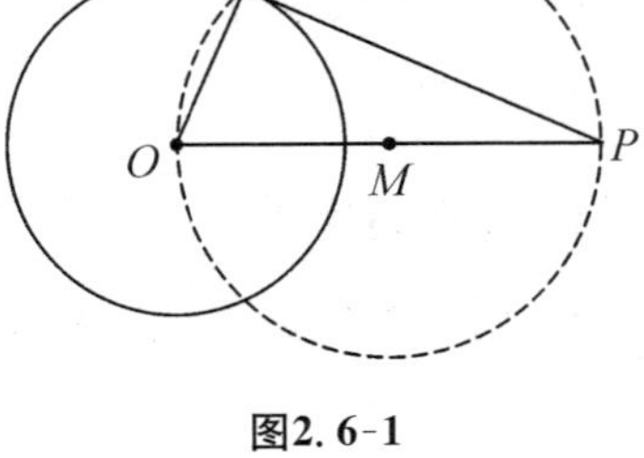

图2.6-1

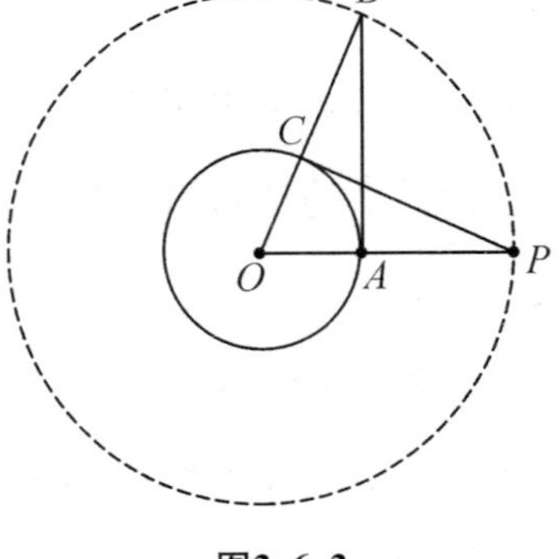

图2.6-2

2.7 定义的多样性和局限性

定义的重要性，欧几里得是非常明白的，所给出的一些定义存在问题，他本人应该也是清楚的。

对2000多年前的数学前辈，我们不能过于求全责备。因为即使在今天看来，欧几里得也是做得不错的。我们应该庆幸，欧几里得没有因为对自己给出的定义不满意，就放弃后面的研究，而是勇往直前。后来牛顿创立微积分也遇到了类似的问题。

做研究，定义的重要性不言而喻。给事物取名字、下定义，都是为了交流的方便，为进一步的研究作准备。

实际上，对于许多真正出色的研究工作，定义并不是研究的开始，它往往是上一个阶段研究的总结。很多发现创新，是在没有严谨定义甚至没有来得及推敲定义的时候产生出来的。成果多了，要整理交流，要传之后世，要继续深入，就要写得有条有理，要考虑如何定义了。

下定义的目的就是要对事物进行描述和分类，常常使用“属加种差”的方法。也就是先在某一大类中找到所需定义的事物，然后将之与同类的其他事物加以区分。由于所找大类的不同，导致区分的方式不同，最终给出的定义就不同。譬如正方形的定义就可以是下面的两种：邻边相等的长方形是正方形；有一个角是直角的菱形是正方形。这两种定义形式上不同，但本质一致，只不过看问题的角度不同。

前人对某一事物给出了多种定义，像数学、文化这样的词语定义多达数百种，看似会给后来的学习者增加负担，但定义的多样性反映了对事物的认识程度，一代代人的经验积累才构成今天的文明。

数学是什么？不少数学哲学的著作花费大量篇幅给数学下定义，希望回答这个问题。由于数学始终在发展，再加上各自流派、研究方向的不同，各个时期的数学家所给出的答案都不一样。

毕达哥拉斯认为“万物皆数”，数学是对数的研究。

亚里士多德认为数学是对量的研究。

笛卡儿认为数学是研究数学和度量的科学。

罗素认为数学是恒等于逻辑的学科。

怀特海认为数学是研究一切类型的形式的、必然和演绎推理的科学。

F. 克莱因认为数学是自明之物的科学。

希尔伯特认为数学是无实在含义的形式游戏。

美国数学会认为数学是研究度量、形式、图形和变化的学科。

美国国家研究委员会认为数学是集严密性、逻辑性、精确性和创造力与想象力于一身的一门学问，是关于模式和秩序的科学。

恩格斯在《反杜林论》中提出：数学是研究现实世界的空间形式和数量关系的科学。

数学在不断前进，不论是深度，还是广度，其发展都是让人始料不及的。数学家，切切实实做数学研究的人，却很少谈论数学的定义。他们不是从数学定义出发来研究数学的。他们知道自己做的就是数学。如果有一天数学不符合现有的每一个定义，那就把定义改革一下，使定义符合数学的发展吧。

真理往前多走一步，就是谬误。

有哲学家认为观察者的目的不同，对事物的看法也不一样。譬如对于动物学家而言，牛是草食性反刍家畜；在西班牙的斗牛士看来，牛是和他共同表演的伙伴；而在印度，牛则是不可侵犯的神圣之物。因此你可以以任意的方式，用自己喜欢的语言来定义事物，并不能说是错误的。

确实，在今天这样一个多元化社会，对于很多问题，大家没有必要、也不可能达成一致的看法。但我们必须强调事物有其客观性，只能通过观察和分析来发现，而不能将事物看做是人决定的产物。在追求个性的同时，更要究其本质，求其共性，特别是在科学研究的时候。

下定义通常是在我们对某一事物的研究达到比较了解的程度后所作的判断。很多时候下定义是一件费力不讨好的事情。

譬如关于人的定义，最初是两条腿没有毛的动物，后来因为拔了毛的鸡也符合这个定义，这迫使思想家们开始了新的思考。比较现代的关于人的定义，是能够直立行走、会制造工具的动物，不过据说某些动物也具备这样的能力，这个定义也是值得商榷的。于是《现代汉语词典》便将人解释为“能制造工具并使用工具进行劳动的高等动物”。但还是有问题，因为各种原因导致并不是所有的人都能制造工具、使用工具。

甚至连人的死亡的定义都曾发生过颠覆性的变化。自古以来，人们几乎一直是把心脏视为身体的中心，主宰人的一切，所以直到20世纪60年代，人们一直把心脏停止跳动——心死作为死亡的标志。但医学的发展使得心脏移植手术获得成功，幸运者还能活很长一段时间。这说明心死并不等于人死。于是死亡的定义修改为：对环境失去一切反应，完全没有反射和肌肉张力，停止自主呼吸，动脉压陡降和脑电图平直。

人们不断地对新事物给出定义，对旧事物更新定义。在学术界，专家学者明明知道事物还在发展，现在的定义会随着人们认识水平的提高而被否定，但还是有相当多的学者在学术著作中给出了各种各样的定义。人们真诚地提出自己的看法，为“否定之否定”的认识发展贡献自己的力量。

恩格斯在谈到生命的定义（生命是蛋白体的存在方式）时曾深刻地指出：“在科学上，一切定义都只有微小的价值。要想真正详尽地知道什么是生命，我们就必须探究生命的一切表现形式，从最低级的直到最高级的。可是对日常的运用来说，这样的定义是非常方便的，在有些地方简直是不可缺少的，只要我们不忘记它们的不可避免的缺点，它们也无能为害。”

在生活、学习、工作当中，尝试给某些事物下定义，对培养我们的概括能力可带来很大的好处。即使多次定义仍是不完全的，但每一次概括都会使我们在认识上提高一个层次。

我们需要定义，但不能被它所限制。某些学科（主要是社会学科）的研究把过多的时间精力投入在定义的研究上，这是没必要的。事物在发展，已有的定义总会存在这样或那样的局限性，它们到底有多久的保质期，这是当下的人们所预料不到的。

思考和讨论

1. 欧氏几何和非欧几何的公理相互矛盾，但两种几何又相互支持，你如何理解这种现象？

2. 你认为数学公理是从哪里来的？为什么数学能广泛应用于对自然界的研究探索，譬如发现海王星？

3. 你认为哪种几何是真的？道理是什么？如何设计实验来验证？

第三章

变量·无穷小·量的鬼魂
——第二次数学危机与极限概念

由无理数的发现引起的“第一次数学危机”尚未消除，无穷小方法在初生的微积分中的应用又引起了“第二次数学危机”。

微积分的诞生是人类文明史上的大事，它对数学以至所有科学领域的影响不可估量，并把数学哲学的探索引入更深的数学基础的层次。如何描述运动和变化，如何理解和运用无穷，这是哲学上长期讨论而无定论的问题。微积分方法的创建使这些问题数学化和具体化。微积分发展的历史表明，人们的认识过程和逻辑展开顺序恰恰颠倒了。在长达150年的时间里，数学家充满自信和热情忙着建立微积分大厦，最后才找到极限和无穷小的定义，将微积分建立于算术基础之上。这预示，算术的基础将成为数学哲学的新的焦点。

数学是人类文化的重要部分。文化的传承需要教育，而数学教育反过来推动数学的发展。为了数学教育，2000多年前，欧几里得写了《几何原本》，开创了数学公理化方法的先河；为了数学教育，约200年前，柯西写了《分析教程》，迈出微积分严谨化的重要一步。近年来，为了把艰深的微积分教学变得容易，人们重新审视微积分的基础，发现了一个难以置信的事实：不用无穷小也不用极限概念，也能够严谨简明地建立微积分。本章的阅读材料介绍了微积分的这一种新架构，说明了不依赖极限理论的微积分的基本框架。不用无穷小的微积分为何发现得这么晚，这是数学的新进展向数学哲学提出的问题。

我们生活着的这个世界，一刻也不停地在变化着。古希腊哲学家当中，赫拉克利特对这一点强调得最深刻。他说，人不能两次踏入同一条河流，因为河水在流动，当人第二次踏进同一条河流时，已经不是第一次踏进时的河水了。

赫拉克利特用这个生动的比喻说明万物是在不断变化着的。严格讲起来，赫拉克利特的这个比喻在概念上是不清楚的。同一条河流是什么意思呢？昨天的黄河和今天的黄河是不是同一条河流呢？如果是同一条河流，赫拉克利特那句话就错了。如果不是同一条河流，那黄河就成了无穷多条河流了——因为它每个瞬间都与前面的河流不同。同样的道理，赫拉克利特也不是一个人，而是无穷多个不同的人了。

为此，有人专门写了剧本讽刺赫拉克利特。说一个人欠债不还，还对债主声称我已不是原来借钱的那个人了。债主大怒打了他。到了法庭上，债主不承认打了人，说刚才打人的我，已不是现在的我了。

当时持相反观点的巴门尼德，主张世界是静止的、不变的、永恒的，变化与运动只是幻觉。巴门尼德的得意门生芝诺，为了论证运动只是幻象，还提出了几条诡辩，竭力说明运动必然引起矛盾，因而运动是不可能的。在芝诺的几条诡辩中，最著名的是“飞矢不动”。

飞快射出的箭怎么可能不动呢？芝诺自有他的歪理：箭在每一瞬间都要占据一定的空间位置，也就是说，每一瞬间都是静止的。既然每一瞬间都是静止的，又怎么可能动呢？

哲学家早就分析批判过“飞矢不动”的诡辩。从数学上看问题，可以更清楚地抓住芝诺逻辑上的漏洞。

数学是讲究概念严谨的科学。要说动与不动的问题，那就得先讲好什么叫动，什么叫不动。

什么叫动呢？一个物体，时刻 t_1 时在甲处，在另一个时刻 t_2 时在与甲处不同的乙处，我们就说它在时刻 t_1 到 t_2 之间动了。如果对于任一个在 t_1 与 t_2 之间的时刻 t，它都在甲处，就说它在 t_1 与 t_2 这段时间内没有动。

这么看，所谓动或不动，是涉及两个时刻的概念。在“一瞬间”，也就是在一个时刻，动与不动的概念失去了意义。“在每一瞬间都是静止的”，这个说法在逻辑上没有任何意义。因为在任一时刻，物体只占有一个确定的位置。在黑夜里闪电照耀下，我们看到的是一个静止的画面，因为闪电一瞬间就过去了。这个画面绝不能作为一切静止了的论据。要问动没动，必须用另一瞬间的画面作比较！

由此可以看出，古代哲学家对于如何从逻辑上严格把握事物的运动与变化和相对静止与稳定的统一，是不清楚的。他们或者否定了运动的可能，或者否认变化了的事物是同一事物。直到 17 世纪，数学上出现了变量与函数的概念，才找到了精确描述运动与变化的工具。

3.1 数学怎么描述运动与变化

在数学中，函数概念是描述运动与变化的重要工具。

以电影为例。一部电影由许多画面组成，这些画面按一定顺序排列在电影拷贝长长的胶片上。于是我们可以对画面编号：1，2，3，…得到号码与画面的一个对应。指定一个号码，一定可以找到一个相应的画面，而且一个号码只有一幅画面和它对应。不同的画面对应于不同的号码。反过来，指定一个画面，则可能有不同的号码。也就是说，不同的号码可能对应于相同的画面。例如，银幕上几秒钟的静止意味着有数十个号码对应于相同的画面，回忆往事的镜头也是不同的号码对应于相同的画面。这样的对应，在数学上叫做从号码到画面的映射，也可以说是以号码为自变元（或主变元），以画面为因变元（或从变元）的一个映射或函数。

电影是由一系列离散的画面组成的，但是，实在的运动与变化的事物是由无穷多连续改变着的状态所组成的。这时，时刻代替了号码，事物的状态代替了画面。号码是整数，而时刻却是连续增长着的实数——时间。和刚才相同的是：指定一个时刻，所考查的事物只有一个确定的状态。无论是赫拉克利特的河流还是芝诺的飞矢，在指定的某一时刻只能以确定的状态出现。在这个意义上，所谓事物，就是以时间为主变元、以状态为从变元的一个函数。对于在时间长河中某时刻产生而又在另一时刻消亡的事物，主变元可以在两个时刻之间任意取值。对于不生不灭的永恒存在的事物（假如有的话），主变元可取任意实数。

这样，事物就是与时刻对应的无穷多状态的总和。更严格地说，事物是时刻到状态的映射，而时刻变化的范围（时间区间）的大小就是事物的寿命。

既然事物在不同时刻可以有不同的状态，我们又怎么知道这不同的状态是同一个事物的状态而不是不同的事物呢？这就要用到映射的连续性概念，或连续函数的概念了。事物在不同时刻虽然有不同的状态，但是当两时刻相距越来越近的时候，对应的状态之间的差别也越来越小，这叫做连续性。数学上映射的连续性概念正是这样的：当主变元改变很小时，从变元的改变也很小，这样的映射或函数叫做连续的。映射或函数可以不连续，不过，描述一件客观存在的事物的映射或函数一般总是连续的。如果不连续了，我们就认为它已消亡，被另一个新出现的事物代替了。

人的一生，从小到老，变化是很大的，但是这变化是连续的。在短时间内，例如几分钟内，很难觉察到这种变化。这就是朋友之间彼此可以认识的原因。而人的不连续时刻，常常是悲惨的意外事故。

用时刻到状态的连续映射来刻画事物，既能反映事物在不停地运动与变化这一事实，又能合理地说明事物是自身而不是别的什么这一稳定特点。这一方面驳斥了芝诺把事物在一时刻有确定状态说成是不能变化的诡辩，另一方面又纠正了赫拉克利特把一件事物在不同时刻的状态说成是不同事物的概念模糊。

对于事物的运动与变化，哲学家常常有这样一些说法："运动就是矛盾""在每一瞬间物体既在一个地方又不在这个地方""事物在一个时刻是自身又不是自身"。这些说法确实具有哲理的启发性与艺术的感染力，但却不具有科学概念应有的逻辑上的严格性。很难理解一个物体在同一瞬间既在一个地方又不在这个地方的准确意义。事实上，在同一瞬间，即在一个确定的时刻，物体在什么地方就在什么地方。用高速摄影机为飞行中的子弹拍照，可以作为这一数学观点的佐证。

数学概念不像哲学术语那么灵活。它一旦形成，便可以作为继续前进的逻辑基础。说运动是矛盾，可以给人以某种启迪，但是人们很难在此基础上做更进一步的研究。因为“矛盾”是一个未定义的术语，它揭示出事物的共性，却没指出运动的特殊性。当各门具体科学形成之后，哲学已不再承担对种种特殊性的研究了。而数学中用映射或函数描述运动，却能勾画出运动的特殊性，能以此为坚实的基础对运动的性质作进一步的探索，特别是对运动物体的瞬时状态作触及问题核心的研究。

3.2 瞬时速度

运动着的物体有快有慢，描述快慢程度的数量指标叫速度。物体要走过一段距离，必然要耗费一些时间，距离与时间之比，就是速度。孙悟空一个跟斗能翻十万八千里，速度是多大呢？不知道。因为没告诉我们“一个跟斗”要用多少时间。如果它翻这个跟斗用的时间和戏台上的武生翻跟斗差不多，只有 1 秒来钟，那它可够快的了。要是一个跟斗翻了 1 年，1 天还不到 200 千米，就比飞机慢得多。

这就是说，考虑速度问题，离不开时间。不但运动有速度，事物的变化也可以有快慢之分，都要用时间来衡量。

说汽车 1 小时行驶 60 千米，或说汽车的速度是 60 千米/时，这是个大致的说法。因为汽车在这一段时间内时慢时快。启动时，停车时，过人行横道时，就要慢些，其他时间要快些，路面好的时候就更快些。因此，用物体走过的距离除以所用的时间，得到的是平均速度，不是物体的真正速度。

那么，我们测量一下物体在几秒钟之内走的距离，用这几秒的时间来除，得到的速度总该是物体的真正速度了吧？还不是。这是这几秒之内的平均速度。子弹从射出枪口到击中靶心，只有几分之一秒的时间，在这么短的时间之内，速度就有很大的变化，出枪口时比击中靶心时快些。

我们可以把时间间隔再取得小一点，看看物体在 0.1 秒、0.01 秒内走了多远，以了解物体的真实速度。但是无论多小的时间间隔，总不是一瞬间，不是一个时刻，而是两个时刻之间的一段时间，求出来的总是这一段时间内的平均速度。而我们希望知道的真正速度，是物体在某一时刻的速度，是所谓的瞬时速度。

也许你会认为，何必求瞬时速度呢？重要的是平均速度。汽车从天津跑到北京要多长时间，只要了解一下它每小时能跑多少千米这个平均速度就可以了。这不全面。有时还是要了解瞬时速度的。汽车过桥时车速超过了规定的速度限制，交通警察可能要处罚司机。这时警察的根据就是车过桥时的速度，10 分钟之前或之后，他是不管的。火箭要把卫星送上天，速度要超过 8 千米/秒，说的是瞬时速度，而不是从发射起计算到卫星脱离的平均速度。炮弹打在钢板上，能不能打穿，也要看这一刹那间的瞬时速度。自由落体的瞬时速度时刻在变化，它描述了落体的动能不断变化的情况。总之，从物理直观上看，瞬时速度是有意义的。从哲学观点看，希望知道瞬时速度，希望了解物体在一瞬间究竟处于什么状态，这也是合理的。

可是，在数学上却遇到了逻辑的困难。按速度的本来意义，是一段时间去除物体在这段时间内走过的距离所得的商。一个时刻，时间是 0，物体走过的距离也是 0，时间和距离都没有了，速度又何从谈起？0 除以 0，在数学上有什么意义？

在物理学上看来有意义的东西，在数学上却无法指出它的意义是什么，这对数学家是一个严峻的挑战。随着机器工业的发展，科学技术日益迫切地要求数学家起而应战，以便更精确地认识运动与变化的事物。生产力的发展使这一问题不仅有了哲学意义，也有了社会价值。于是 17 世纪的一批数学家投入了这一工作，而集其大成者是微积分学的创始人牛顿①与莱布尼茨。

牛顿的工作正是直接从瞬时速度这一概念的数学表达方式入手的。

3.3 微分是量的鬼魂吗

为了求运动着的物体在某一时刻 t_0 的瞬时速度，先要知道从数学上看什么叫瞬时速度。因此，牛顿面临的是两个任务：第一，定义出数学上的瞬时速度的概念；第二，给出具体计算瞬时速度的方法。

如果眼睛只盯着 t_0 这一时刻，那是毫无法子可想的。时间固定了，物体的位置也固定了。想知道速度，得让物体动一动，也就要让时间变一变。让时间从 t_0 变到 t_1，这段时间记作 $\Delta t=t_1-t_0$，而这段时间物体走过的距离记作 Δs。比值 $\Delta s/\Delta t$，当然是在 $t_0\sim t_1$ 这段时间内的平均速度。

牛顿合理地设想：Δt 越小，这个平均速度就应当越接近物体在时刻 t_0 时的瞬时速度。当 Δt 越来越小，当然 Δs 也越来越小的时候，最后成为无穷小（微分），就要成为 0 而还不是 0 的时候，比值 $\Delta s/\Delta t$ 作为两个无穷小（微分）之比，就是所要的瞬时速度。

这样，他给出了瞬时速度的定义，又给出了有效的计算方法。

例如，自由落体走过的距离与时间的平方成正比，即 $s(t)=at^2$，则

$$\Delta s=at_1^2-at_0^2=a\left[(t_0+\Delta t)^2-t_0^2\right]=a(2t_0\Delta t+\Delta t^2), \tag{3.1}$$

因此

$$\frac{\Delta s}{\Delta t}=\frac{a(2t_0\Delta t+\Delta t^2)}{\Delta t}=2at_0+a\Delta t。\tag{3.2}$$

当 Δt 变成小得不能再小的微分时，式（3.2）右端可以认为就是 $2at_0$，这就是我们要求的自由落体在 t_0 时刻的瞬时速度。它就是两个微分之比。

这一新生的有力的数学方法，受到数学家和物理学家的热烈欢迎，解决了大

① 数学和科学中的巨大进展，几乎总是建立在几百年中作出一点一滴贡献的许多人的工作上的。需要有一个人来走那最高和最后的一步，这个人要能足够敏锐地从纷乱的猜测和说明中清理出前人的有价值的说法，有足够的想象力把这些碎片重新组织起来，并且足够大胆地指定一个宏伟的计划。在微积分中，这个人就是牛顿。

量过去无法问津的科技问题。可是由于它逻辑上的漏洞，招来了哲学上的非难甚至嘲讽与攻击。

对新生的微积分攻击得最厉害的是英国的主观唯心主义经验论哲学家贝克莱主教。

贝克莱的基本观点是“存在即被感知”，即认为一切事物不过是人的感觉的综合。而当世界上没有人时怎么办呢？他说世界是上帝的感知。他的哲学目的是论证上帝的存在。

贝克莱的哲学观点由于荒谬绝伦而受到当时思想界的严厉批判。18 世纪的法国唯物主义哲学家说：这种观点如此荒谬，在逻辑上又难于驳斥，可以说是人类智慧的耻辱！

就是这位贝克莱主教，猛烈攻击牛顿的微分概念。他问道：无穷小量究竟是不是 0？如果是 0，式（3.2）的左端当 Δt 和 Δs 变成无穷小之后就没有意义了。如果不是 0，式（3.2）的右端的 Δt 就不能任意去掉。在从式（3.2）的左端推出右端时，假定 $\Delta t\neq 0$ 而作除法，所以式（3.2）的成立是以 $\Delta t\neq 0$ 为前提的。那么，为什么又可以让 $\Delta t=0$ 而求得瞬时速度 $2at_0$ 呢？因此，这一套运算方法就如同从 $5\times 0=3\times 0$ 出发，两端同时用 0 除得到 $5=3$ 一样的荒谬。

贝克莱还讽刺挖苦道：既然 Δs 和 Δt 变成“无穷小”了，而无穷小既不是。又不是非 0 的数量，那它一定是量的鬼魂了。相信量的鬼魂的数学家们，又有什么理由不相信上帝的存在呢？

应当承认，贝克莱的评论是切中要害的。牛顿和当时的数学家们确实在逻辑上无法严谨解释这个新生的方法。数学家们相信它，只是因为它使用起来十分有效，得出的结果总是对的。

把瞬时速度说成是无穷小时间内所走的无穷小的距离与无穷小时间之比，即“时间微分”与“距离微分”之比，是牛顿的一个含糊不清的表达。其实，牛顿也曾在著作中明确指出过：所谓“最终的比”，如式（3.2）中的 $2at_0$，不是“最终的量”的比，而是比所趋近的极限。但是，他既没有清除另一些模糊不清的陈述，也没有严格界说极限的含意，因而牛顿和其后 100 年间的数学家，都不能有力地回答贝克莱的质疑。

这就是数学史上所谓的第二次数学危机。

直到 19 世纪，在康托、戴德金、柯西等一批数学家的努力下，微积分才有了牢不可破的逻辑基础。

问题的解决说起来意外地平凡：在式（3.2）中，设 $\Delta t\neq 0$，总可以求出右端的 $2at_0+a\Delta t$，这是在 Δt 时间内的平均速度。然后把瞬时速度定义为平均速度当 Δt 趋于 0 时的极限，即

$$\text{瞬时速度}=\lim_{\Delta t\to 0}\frac{\Delta s}{\Delta t} \tag{3.3}$$

就可以了。

可是要把这一平凡的想法严格化，还得费一番周折。首先要按照前面所说的，用一个函数 $s=F(t)$ 来描述运动过程——$F(t)$ 表示时刻 t 时物体的位置——它可以用物体走过的距离来刻画。从 t_0 到 $t_1=t_0+\Delta t$ 这段时间，物体走过的路程为 $F(t_1)-F(t_0)=F(t_0+\Delta t)-F(t_0)$，它就是式（3.3）中的 Δs，叫做函数 $F(t)$ 在 t_0 处的差分，而 $\Delta t=t_1-t_0$ 叫做时间的差分。两个差分相比，就是式（3.3）中的 $\Delta s/\Delta t$，叫做函数的差商。在 Δt 趋于 0 的过程中，差商的极限叫做微商，或函数 $F(t)$ 在 t_0 处的导数。它就是瞬时速度。如果 F 不是路程而是刻画物体其他性质的状态参量，导数就是那种状态的变化率。

柯西建立了一套严格的 ε-语言来说明什么叫做变量的极限。粗略而直观地说，如果变量到后来可以充分接近某个常量，就说这个常量是变量的极限。而变量的变化范围可以是全体实数，变量的极限也不限于已知的有理数或用根式表达的数，而是一般的实数，这就要求建立实数理论。实数理论的建立和微积分基础的巩固，使两次数学危机都得到了圆满的解决。

把瞬时速度定义为平均速度当时间趋于 0 时的极限，就在瞬时速度与平均速度之间建立了联系。我们就可以根据瞬时速度来估计物体在极小时间内的平均速度。

从哲学上，这最终否定了芝诺“飞矢不动”的诡辩。在一瞬间，尽管物体占

据了一个确定的位置，但是不等于说静止了。因为我们能实实在在地求出它的瞬时速度来！具体速度都知道了，还能说不动吗？

3.4 无穷小量的再生

牛顿用两个无穷小的比来解释瞬时速度的思想，由于缺乏逻辑的严密性而被极限理论所代替。但是，“无穷小”这一思想并未被人们所放弃。

到了20世纪，数理逻辑专家鲁宾孙建立了“非标准分析”。在非标准分析中，无穷小、无穷大都作为实数系的扩充而出现。这可以看成牛顿的无穷小在新的严格基础上的再生。两个无穷之比，已经是合理的了。

通常的微积分当中，仍在用“无穷小”这个字眼，然而所描述的已不是像牛顿所想的变量在变成0之前的状态，而是一个变化的过程。例如，数列

$$1,\ \frac{1}{2},\ \frac{1}{3},\ \frac{1}{4},\ \cdots,\ \frac{1}{n},\ \cdots \tag{3.4}$$

就叫做无穷小列。它是无穷多的一串数，不是一个数。

柯西的极限理论是学生学习微积分的高门槛。这是因为他的 ε-语言太烦琐了。也许这是一个历史错误。他完全有可能把极限理论表达得更直观、更平凡而同样严格。

极限理论的哲学困难在于无穷。但当人们承认了自然数时，无穷的难关实际上已被突破。如果在这一突破上建立极限理论，就容易得多。

自然数列

$$1,\ 2,\ 3,\ 4,\ \cdots,\ n,\ \cdots \tag{3.5}$$

有两个特点：其一是越来越大，其二是无界——找不到一个数比所有的自然数都大。我们把具有这两个特点的数列叫做“无界不减数列”。

具体地说，如果数列

$$D_1,\ D_2,\ \cdots,\ D_n,\ \cdots \tag{3.6}$$

满足

（1）$D_n \leqslant D_{n+1}$；

(2) 没有一个比所有 D_n 都大的数。

则我们称此数列为无界不减数列。

现在，定义无穷小列就很容易了。

定义　如果有无界不减列 $\{D_n\}$ 满足

$$|a_n| \leqslant \frac{1}{D_n} \tag{3.7}$$

则称 $\{a_n\}$ 是无穷小列。

进一步便有了数列极限的定义。

定义　如果 $\{a_n\}$ 是无穷小列，且

$$c_n = c + a_n, \tag{3.8}$$

则称数列 $\{c_n\}$ 以 c 为极限。

这样，我们便把历史上 100 多年弄不清的“无穷小”与“极限”这两个概念，用最平凡的方式表达清楚了。

关于无穷小和极限的故事，关于微积分的诞生和成熟，是数学史上激动人心的戏剧性的篇章，是值得数学哲学领域深入研究的课题。

但是，故事还没有结束！

在数学家经历千辛万苦终于把无穷小和极限说清楚后 170 多年的今天，一个长期被认为不可能的故事发生了。

最近发现，为了建立微积分，为了解决牛顿和莱布尼茨用微积分解决的数学问题，既不需要无穷小，也不需要极限。在初等数学的框架之内，就能做得很好。

更令人难以置信的是，这个发现的基础如此平凡简单。

牛顿从瞬时速度问题出发建立了微积分。他为了从平均速度到达瞬时速度，引出了无穷小和极限。

不用无穷小或极限，能不能找出瞬时速度和平均速度的关系？

这其实不难。对于非匀速运动，瞬时速度有时候比平均速度大，有时候比平均速度小，这就是两者之间的基本关系。

只要抓住这个看似平凡的关系，就能解决计算瞬时速度等一系列微积分要解决的问题，就能建立微积分。

基本的理论和方法，要简单得多，清晰得多。

这向数学哲学提出了一个值得思考的问题，这么简单平凡的思路，是如何在2000年间从一个又一个天才的鼻子下面溜走的?

仔细读读下面的材料，你会相信这样的事并非传说。

阅读材料

3.5 不用极限的微积分

微积分学的重要，众所周知。世界上每年都有数千万人学习微积分。我国高中数学新课程中，也增加了微积分初步的一些内容。

但是，对于初学者，ε-语言太难理解了。美国的一套著名的《微积分》教材中告诉学生，如果弄不懂这样的定义，“就像背一首诗那样把它背下来！这样做，至少比把它说错来得强”。

匈牙利数学家和数学教育家波利亚，在谈到工科学生的微积分教学时说：“他们没有受过弄懂ε-证明的训练……教给他们的微积分规则就像是从天上掉下来的，硬塞给他们的教条……”

这就是说，不学极限概念的ε-语言，就弄不懂微积分；学习极限概念的ε-语言，确实又太难了。

恩格斯说：在一切理论成就中，未必有什么像17世纪下半叶微积分的发明那样，被看做是人类精神的最高胜利了。难道说，对于有机会学习高等数学的人中的大多数，注定不能理解这个标志着“人类精神的最高胜利”的成果?

由牛顿和莱布尼茨创建的微积分，是第一代的微积分。第一代微积分，是说不清楚的微积分。创建者说不清楚，使用微积分解决问题的数学家也说不清楚。微积分的原理虽然说不清楚，但其应用仍然在蓬蓬勃勃地发展。微积分就这样在说不清楚的情形下向前发展了 130 多年。

柯西和维尔斯特拉斯等建立了严谨的极限理论，巩固了微积分的基础，这是第二代的微积分。第二代的微积分是说清楚了的，但是由于概念和推理烦琐迂回，对于绝大多数学习高等数学的学生来说，是听不明白的微积分。微积分就这样在多数学习者听不明白的情形下，又发展了 170 多年，直到今天。

几十年来，一些数学家致力于创建发展新一代的微积分，我们称之为第三代的微积分。人们希望微积分不但严谨，而且直观易懂，简易明快。学习者能用较少的时间和精力就明白其原理，不但知其然而且知其所以然。不但数学家说得清楚，而且非数学专业的多数学子也能听得明白。

第一代微积分和第二代微积分，在具体计算方法上基本相同。不同的是对原理的说明，前者说不清楚，后者说清楚了。

第三代微积分和前两代微积分，在具体计算方法上也没有不同。不同的仍是对原理的说明。

几十年来的研究以至教学实践，已经有了显著的成效。

微积分最基本、最重要的概念是导数。第一代微积分说不清楚，主要就是导数的概念说不清楚。第二代微积分听不明白，主要是从导数的概念推导函数的性质听不明白。例如，学过高等数学的同学都会用“导数正则函数增”的定理解题，但很少有人知道其中的道理。还有泰勒公式，微积分基本定理，多数人都是知其然不知其所以然。

人们改革微积分，首先从导数概念入手。在 20 世纪 60 年代，国外有人提出了区间上一致可导的概念。

定义　设函数 $F(x)$ 和 $f(x)$ 都在区间 $[a, b]$ 上有定义，如果对于 $[a, b]$ 上任意的 x 和 $x+h$，一致地有 $\lim\limits_{h\to 0}\frac{F(x+h)-F(x)}{h}=f(x)$，则称 $F(x)$ 在区间 $[a, b]$ 上**一致可导**，并称 $f(x)$ 是 $F(x)$ 的**导函数**，简称为 $F(x)$ 的**导数**，记做 $F'(x)=f(x)$，或 $y'=f(x)$，或 $\frac{\mathrm{d}y}{\mathrm{d}x}=f(x)$。

可以证明，一致可导等价于连续可导，即 $F(x)$ 的导数存在并且在 $[a, b]$

上连续。事实上，包括初等函数在内的大量函数都是一致可导的。直接采用一致可导定义，给推理带来了方便。

一致可导的定义，仍然依赖于极限概念。能不能不用极限来定义导数呢？这曾是数学泰斗牛顿、麦克劳林和拉格朗日想做而没有做到的。

牛顿一共写了四部微积分的专著，其中《曲线求积术》是最后（1693 年）写成但最早（1704 年）出版的。为何前面三部迟迟没有出版？为何《曲线求积术》写成后 11 年才出版？这是因为牛顿对自己的微积分理论不满意，希望从理论中去掉“无穷小量”。在《曲线求积术》中，他放弃了无穷小的概念，代之以“最初比和最后比”的概念。这概念也就是他在 1687 年出版的《自然哲学的数学原理》中已经提出的“极限”思想。他说：“消失量的最后比严格地说并不是最后量的比，而是这些量无限减小时它们的比所趋近的极限。”当然，现在看来，极限概念和无穷小概念本质上是一回事。牛顿自己知道对极限概念也没有说清楚，所以在《自然哲学的数学原理》出版后 17 年才出版以极限思想为基础的《曲线求积术》，而且把极限叫做“最初比和最后比”。从这些历史事实可见，牛顿为从微积分中去掉涉及无穷的运算曾多年思考。

继牛顿之后，麦克劳林在他 1742 年出版的《流数论》中，企图建立严谨理论的微积分，他相信大多数问题不依靠极限概念就能解决。他用的是泰勒级数的方法，实际上并不能避免极限。

拉格朗日是此后曾致力于不用无穷小或极限建立微积分的大数学家。由于他的学生们感到无限小和无限大的概念很难掌握，拉格朗日试图不用莱布尼茨和牛顿的极限或无穷小等特殊概念来建立微积分学，为此他写成《解析函数论》一书。此书的副标题是：“不用无穷小，或正在消失的量或极限与流数等概念，而归结为有限的代数分析的艺术”。他试图把微分、无穷小和极限等概念从微积分中完全排除。他先用代数方法证明了泰勒展开式，接着定义导数（微商）是 $f(x+h)$ 的泰勒展开式中 h 的系数。他认为这样就可以克服极限理论的困难，可是无穷级数的收敛问题仍然无法回避极限。

从拉格朗日时代至今已有 200 多年，不用无穷小或极限来建立微积分的想法依然徘徊在人们心头挥之不去。例如，有人就把这个想法作为著作的标题，但书中并没有真正建立不用极限的微积分，只是对微积分作了直观的阐述。因而在大标题“Calculus Without Limits”后面加了一个较小字体的说明“Almost”。

但是，更多的学者认为，离开极限或无穷小的概念就不能建立严谨的微积分。有人认为：没有极限就没有微积分，微积分没有极限就像罗密欧没有朱丽叶。在浩如烟海的有关微积分的教材、教辅和通俗读物中，这种看法占有绝对的统治地位。

离开极限或无穷小，能不能建立微积分？微积分的一些基本结果，例如导数正则函数增，例如泰勒定理，例如牛顿—莱布尼茨公式，是不是依赖极限的概念和理论？牛顿、拉格朗日等前辈没有做到的，是不可能呢，还是没有找到某条隐秘的路径？这是300年来没有得到澄清的疑案。现在，随着创建第三代微积分的努力，终于水落石出了。

林群院士指出，可采用“一致性不等式”定义函数导数。

定义 设函数 $y=F(x)$ 在 I 上有定义。如果存在一个定义在 I 上的函数 $f(x)$ 和正数 M，使得对 I 上的任意点 x 和 $x+h$（这里 h 可正可负），成立不等式

$$|F(x+h)-F(x)-f(x)h|\leqslant Mh^2, \tag{3.9}$$

则称函数 $y=F(x)$ 在 I 上**强可导**（或**利普希茨可导**），并称 $f(x)$ 是 $F(x)$ 的**导数**，记做

$$F'(x)=f(x)，或 y'=f(x)，或\frac{\mathrm{d}y}{\mathrm{d}x}=f(x)。$$

容易证明，强可导函数的导数差商有界，即满足利普希茨条件。这是国外有人把它叫做利普希茨可导的由来。不等式（3.9）的右端可以放宽为 $M|h|^{1+\varepsilon}$，这里 $0<\varepsilon$；更一般可放宽为 $o(h)$，即比 h 更高阶的无穷小。至于如何绕过无穷小的 ε-定义，大致如3.4节的思路。

林群院士提出用“一致性不等式”来定义导数，原本是为了直接简捷地推出微积分基本定理。随后发现，这样定义导数能够使更多的问题迎刃而解。不用极限概念不但能定义导数，而且更利于展开推理。如果当初牛顿发现了这个定义方

法，第二次数学危机就没有了，数学史就要改写。如果柯西和维尔斯特拉斯发现了这个定义方法，高等数学教学的最大难点就被化解了。当初，用极限来定义导数，深化了人们对微积分的认识。现在进而发现，不用极限也能定义导数，人们对微积分的认识更加深刻了。

对于多数非数学专业的学生，考虑强可导函数类已经够用。有关强可导的推理要简单得多，并且其从本质上已经包含了微积分的要义，必要时也容易推广到更一般的可导函数类。基于林群院士的一致性不等式，可以建立不依赖于极限的微积分学。

不用极限，如何简化微积分呢？首先，概念简化了。不用先讲极限概念，不用先讲实数理论，开门见山就定义了导数，何其直截了当。再者，推理也简化了。

以“导数正则函数增”为例。在第二代微积分即现在多数教材中，这条定理是由拉格朗日中值定理推出来的；拉格朗日中值定理则是从罗尔定理推出来的；罗尔定理的证明，要用到“连续函数在闭区间上取到最大值”；最后这个命题的证明，涉及实数理论、极限性质以及连续函数的概念。微积分中最常用的最普通的工具，其证明竟如此迂回烦琐！如果从一致性不等式出发，半节课就能证明“导数正则函数增”，其方法是初等的，高中生也能明白。

华罗庚在《高等数学引论》中刻意创新，尝试不用实数理论和中值定理证明“导数正则函数增”而未能成功。第三代微积分的发展，实现了前辈大师的愿望。

容易看出来，一致性不等式虽然不提极限或无穷小，但本质上其思想源于极限或无穷小。在教学实践中发现，学生认为这样的定义不太直观。有没有更直观的并且本质上不同于极限或无穷小的道路通向微积分呢？

在反复思考“平均速度和瞬时速度”这个经典案例时，一个新的途径浮出了水面。

探索平均速度和瞬时速度的关系，有两种思路。

经典的牛顿—莱布尼茨的思路，是从微观入手，让时间区间变小，将平均速度取极限以获得瞬时速度。

在这种微观思路统治微积分300多年后，终于发现还有另一种思路。从宏观入手，看出一个浅显的道理：**瞬时速度有时比平均速度大，有时比平均速度小**（当然，匀速情形大家都相等）。

抓住这个道理，抽象出下面的定义。

定义 设函数 $F(x)$ 和 $f(x)$ 都在区间 I 上有定义，若对 I 的任意子区间 $[u, v]$，总有 $[u, v]$ 上的 p 和 q，使不等式

$$f(p) \leqslant \frac{F(u)-F(v)}{u-v} \leqslant f(q) \tag{3.10}$$

成立，则称 $F(x)$ 是 $f(x)$ 在区间 I 上的**甲函数**，$f(x)$ 是 $F(x)$ 在区间 I 上的**乙函数**。

不等式（3.10）被称为“估值不等式”。

从乙函数定义可推出：

（1）函数 $g(x)=0$ 是常数函数 $f(x)=C$ 的乙函数。

（2）函数 $g(x)=k$ 是一次函数 $f(x)=kx+b$ 的乙函数。

（3）设在区间 I 上函数 $g(x)$ 是 $f(x)$ 的乙函数。在 I 的任意子区间 $[u, v]$ 上，若 $g(x)$ 为正，则 $f(x)$ 递增；若 $g(x)$ 为负，则 $f(x)$ 递减；若 $g(x)$ 为0，则 $f(x)$ 为常数；若 $g(x)$ 为非零常数 k，则 $f(x)=kx+c$，其中 c 是一个常数。

在适当的条件下，乙函数就是导数。这时，可从估值不等式直接看出“导数正则函数增”。这种用平凡简单的估计求出导数的方法，居然隐藏了300多年！

回顾式（3.1）和式（3.2），为了求 $s(t)=at^2$ 对变量 t 的导数，费了不少周折，还引来贝克莱的一顿批评。如果用甲、乙函数的观点，只要对任意的两点 u 和 v（不妨设 $u<v$）写出不等式

$$2au<\frac{s(v)-s(u)}{v-u}=\frac{av^2-au^2}{v-u}=a(u+v)<2av, \tag{3.11}$$

就知道 $2at$ 是 $s(t)=at^2$ 的乙函数。毫无模糊之悬念！

函数 $s(t)=at^2$ 比较简单。再看两个例子。

考虑函数 $f(x)=\sqrt{x}$，对任意的两点 $0<u<v$ 写出不等式

$$\frac{1}{2\sqrt{v}}<\frac{f(v)-f(u)}{v-u}=\frac{\sqrt{v}-\sqrt{u}}{v-u}=\frac{1}{\sqrt{v}+\sqrt{u}}<\frac{1}{2\sqrt{u}} \tag{3.12}$$

即可看出 $g(x)=\frac{1}{2\sqrt{x}}$ 是 $f(x)=\sqrt{x}$ 在 $(0,\infty)$ 上的乙函数。

考虑函数 $f(x)=\frac{1}{x}$，对任意的两点 $0<u<v$ 写出不等式

$$\frac{-1}{u^2}<\frac{f(v)-f(u)}{v-u}=\frac{\frac{1}{v}-\frac{1}{u}}{v-u}=\frac{-1}{uv}<\frac{-1}{v^2}, \tag{3.13}$$

可知函数 $g(x)=\frac{-1}{x^2}$ 是 $f(x)=\frac{1}{x}$ 在 $(0,\infty)$ 上的乙函数。

容易证明，在乙函数的连续点甲函数必然可导，导数值等于乙函数在该点的值。如果乙函数满足利普希茨条件即差商有界，则甲函数强可导即利普希茨可导。

当乙函数连续时，从定义看出，只要 $h=v-u$ 足够小，甲函数在 $[u,v]$ 上的差商和乙函数在 $[u,v]$ 上的函数值就能非常接近，要多么接近就可以多么接近。也就是说，当时间段足够小的时候，平均速度和瞬时速度的差可以要多么小就多么小。这样，从乙函数概念出发也就可以导出极限的思想了。

反过来，从一致可导或强可导能推出估值不等式，即

估值定理 设 $F(x)$ 在 I 上强可导，$F'(x)=f(x)$ $(x\in I)$，则对 I 的任意子区间 $[u,v]$，有 $[u,v]$ 中的点 p 和 q，使得 $f(p)\leqslant\frac{F(v)-F(u)}{v-u}\leqslant f(q)$ 成立。也就是说，$f(x)$ 是 $F(x)$ 在 I 上的乙函数。

上面这个命题的作用相当于传统微积分的拉格朗日中值定理。它可以成为第三代微积分的一个基本工具，使得微分学的重要基本定理可以不依赖实数理论和极限概念而得到证明。

进一步问，不用极限概念和实数理论，能不能定义积分，能不能证明微积分基本定理呢？在传统的微积分中，用无穷分割求和取极限的方式给出定积分的概

念，当然不能避免极限。如果从一般的面积公理出发，就可以引出不用极限的定积分概念，从而证明微积分基本定理。

依传统的思路，作切线（微分）和求面积（积分）是两个不同的数学模型，并且在很长时期内没有发现两者之间的关系。牛顿和莱布尼茨分别独立地发现了两者之间的互逆关系，标志着微积分的诞生。

现在发现，两者有共同的数学模型，即估值不等式。于是微分和积分之间的关系一目了然，微积分的理论从而大大简化。

第三代微积分的出现和发展，对数学教育的影响是不言而喻的。微积分入门难的问题有望解决；绝大多数学习微积分的学生知其然而不知其所以然的情形有望改观；即使对于数学系的学生，微积分的新概念和新方法也使学习内容更加丰富多彩，亲身经历学科的发展变化对于启发创新思维大有裨益。所有学习微积分的学生，所有讲授微积分的老师，都能从第三代微积分的思想和方法中获益。

在数学教学之外，第三代的微积分也有其学术价值。

微积分的一系列基本定理的论证，都用到了实数理论。这些基本定理在多大程度上依赖实数的性质，长期没有得到回答。现在这个问题澄清了。导数正则函数增、泰勒公式、微积分基本定理，都不依赖实数理论，即不依赖于实数连续性。

现代物理认为，当测量的尺度小到一定程度时，时间和空间的性质成为量子的，这样就不能像牛顿所想象的让时间间隔趋于 0 来取极限，也就是说基于实数理论和极限概念的数学模型仅仅是现实物理世界的近似描述。如果采用第三代微积分的理论，用一致不等式或估值不等式作为数学模型，就克服了这个缺点，使数学理论更适应于物理现实。

计算机只能计算有理数。但在传统微积分中，计算所用的理论和公式却是借助实数理论推导出来的。能不能不依赖实数理论为计算机所用的计算方法提供依据？第三代微积分提供的数学模型，为计算机所用的微积分提供了理论基础。

第二代的微积分理论基础结构复杂，概念烦琐，推理迂回，很难用计算机作推理或者证明检验。第三代微积分提供了简明的理论框架和快捷的推理路径，有利于计算机推理的实现。

第三代微积分基本理论的建立不依赖实数理论和极限，但并不排斥实数理论和极限。极限思想是数学的精华之一，极限的理论和计算在微积分中有重要的地位。实数理论对于存在性的论证是不可缺少的。这些内容在新的体系中都应有所安排，而且会更加容易理解。

当代著名的数学家阿蒂亚在1976就任伦敦数学会主席时的演说中，有这样几句话："如果我们积累起来的经验要一代一代传下去，就必须不断努力把它们简化和统一。""过去曾经使成年人困惑的问题，在以后的年代里，连孩子们都能容易地理解。"

作为人类精神的最高胜利的成果，微积分曾使成年人中的数学家都感到困惑。我们希望并且相信，在几十年后，新思想和新方法的普及，将把微积分变成多数孩子们都容易理解的一门数学课程。

目前国内系统阐述"不用极限讲微积分"的著作有两本。林群院士的《微积分快餐》兼顾严谨与浅显直观，一张图、一个不等式、几行文字，浓缩了微积分的精华，将微积分讲得轻松活泼、简单明了而且严谨自封，让读者在品尝快餐的过程中进入高等数学的殿堂。另外一本是笔者学习微积分的心得：《直来直去的微积分》，书中从"瞬时速度有时比平均速度大，有时比平均速度小"这个平凡的陈述出发，不用极限和实数，"微分不微，积分不积"，直截了当地建立了微积分基础理论。《直来直去的微积分》中的概念与《微积分快餐》中的逻辑等价，只是呈现形式不尽相同，殊途同归，显示出第三代微积分的丰富多彩。

微积分要解决的问题，从古希腊的阿基米德时代已经提出；在那个时代，就提出了无穷分割与无穷逼近的思路来解决这些问题。处理这类问题的无穷小思维，"统治"了数学家2000多年之久。给无穷小思维提供合理的根据，经历了100多年。有的哲学家曾对这种思维方式冷嘲热讽，有的哲学家曾为这种思维方式欢欣鼓舞。但这么多伟大的数学家和哲学家都没有想到，这些问题以及为解决这些问题而发展起来的微积分，其实不用无穷小而用"通常的"数学方法就能处理！

这里应当有一些值得数学哲学思考的问题。

思考和讨论

1. 下面这个问题由芝诺悖论衍生而来，请讨论分析。

A 手里有一颗炸弹，还有 1 秒钟就要爆炸了。*A* 用 $\frac{1}{2}$ 秒的时间将炸弹扔向 *B*，*B* 用 $\frac{1}{4}$ 秒的时间将炸弹扔向 *A*，*A* 用 $\frac{1}{8}$ 秒的时间将炸弹扔向 *B*，*B* 用 $\frac{1}{16}$ 秒的时间将炸弹扔向 *A*……最后炸弹落在谁手里？

2. 微积分严密的逻辑基础，让学习者望而生畏。调查表明，微积分的教学改革已经成为一个世界普遍的难题。斯坦福大学的 Scheffer 教授认为："永远不要把逻辑的马车放在启发式的马前。"请结合你的学习经历和本章的阅读材料，谈谈对微积分教学的看法。

3. 你认为无穷小是实在的还是数学家创造出来的？说出理由。

4. 从函数 $f(x)=x^2$ 出发得到它的导数 $g(x)=2x$，你能说出几种方法？这些方法有没有共同点？你喜欢哪种方法？说出理由。

第四章

自然数有多少
——数学中的“实在无穷”概念

无穷是数学和哲学中经常提到但长期讲不清楚的问题。

亚里士多德只承认潜无穷，不接受实在的无穷。很多哲学家和数学家赞同他的看法。

笛卡儿认为：我们就不该进入对无穷的讨论，由于我们自身不是无穷，因此让我们去决定任何与无穷相关的事物是荒谬的，因为这就等于我们试图去限制它或停止它。对于那些问直线的一半是不是无穷、一个无穷的数是奇数还是偶数等问题的人，我们不要去理会他们。人不应该去想这个问题，除非他认为他的头脑是无穷的。

长期以来，无穷就像一个无边的、深不可测的、黑暗的海洋，其中不知蕴藏着多少秘密。

人类的认识在发展。终于有一天有人发现，只要把常识的方法大胆应用于新的领域，坚持该坚持的，放弃该放弃的，就能突破亚里士多德和笛卡儿的思想禁区。

对无穷认识的突破，不但解决了数学中的很多困惑，而且引发了哲学上的深度思考。正如罗素所说：过去关于数学无限小与无限大的许多纠缠不清的困难问题在今天逐一解决，可能是我们这个时代必须夸耀的伟大成就之一。

自然数有多少，这似乎是一个没有意义的问题。因为自然数是无穷的。

什么是无穷呢？无穷就是没有尽头。设想一个人从 1 开始数自然数，无论他的寿命有多长，工作多么勤奋，他都不可能把自然数数完。理由很简单：如果他数到的最后一个数是 n，那么 $n+1$ 也是自然数！

既然不可能把自然数数完，我们能不能说“全体自然数”如何如何呢？这个问题在2000多年前就出现了，而且有两种对立的回答。

一种回答认为：“全体自然数”是存在的。因为每个自然数都是可以数到的，所以每个自然数都存在。既然每个自然数都存在，为什么“全体”就不存在了呢？这种叫做“实在无穷”的观点，是柏拉图的观点。

柏拉图有一个弟子叫亚里士多德。亚里士多德从 17 岁开始跟随柏拉图 20 年，很尊敬、爱戴老师，可是他在学术上却有着自己独立的见解。有一句常被引用的话，叫做“我爱我师，但是我更爱真理”，就是亚里士多德说的。亚里士多德反对“实在无穷”的观点。他认为：自然数是数不完的，这表明自然数的产生是个无穷无尽的过程。只有这个过程结束了，才得到自然数的全体。但是这个过程永不结束，因而无法得到自然数的全体。自然数可以越来越多，多得超过任何具体的数目，因而是无穷的。这无穷表现为变化发展的过程，所以叫做“潜无穷”。①

高斯在给朋友的信中以非常坚决的口气表明了他的见解：我反对把无穷量当做一种完成的实体来使用。这在数学中是绝对不允许的，无穷不过是谈及极限时的一种说话方式而已。

在2000多年中，多数哲学家和科学家赞同亚里士多德“潜无穷”的观点。不

① 康托曾巧妙地利用有穷主义的立场论证超穷数的客观实在性。有穷主义者只承认下述类型的论述：对任意大的数 N，都存在一个数 $n>N$。康托因此指出，这就假设了所有这样的 n 的存在，它们就构成了康托称之为超穷的一个完整的、完成了的实体。

过“实在无穷”的观点并未完全消失。有些相信“上帝”的哲学家认为，“实在无穷”肯定是有的，至于人对它不能认识，那不要紧，反正上帝能理解它。

但是，在2000多年中，还没有谁对“实在无穷”的概念作进一步的具体的科学思考。

伽利略是第一个认真思考它的科学家。

4.1 伽利略的困惑

伽利略是大家熟悉的物理学家和数学家。他在比萨斜塔上的著名实验推翻了亚里士多德“重物先落地”的主观断言，这使比萨斜塔成为意大利的名胜古迹之一。在有没有“实在无穷”的问题上，他也反对亚里士多德的只有“潜无穷”而无“实在无穷”的看法。

他想，自然数的全体是存在的，它们组成一个实在的无穷。

他不像以前的哲学家那样仅限于抽象的思考。他希望具体地比较实无穷的大小，他想，有穷的数是可以比较大小的，如果实无穷之间也能比较大小，人们就可以得到更具体的关于实无穷的认识了。

他考虑两个实无穷。全体自然数

$$\{1, 2, 3, \cdots\} \tag{4.1}$$

构成实无穷。全体完全平方数

$$\{1, 4, 9, 16, 25, \cdots\} \tag{4.2}$$

也构成实无穷。是自然数多，还是完全平方数多呢?

直观上看，自然数多。在前10个自然数里，完全平方数只有1，4，9三个；在前100个自然数里，完全平方数只有10个，占自然数的10%；在前1万个自然数里，完全平方数有100个，只占1%；在前1亿个自然数里，完全平方数更显得微不足道了，只占0.01%。这么看，完全平方数在自然数中，有如沧海一粟，占的分量极少极少。

可是从另一角度看，有一个自然数，便有一个完全平方数：

$$
\begin{array}{cccccc}
1 & 2 & 3 & 4 & 5 & \cdots \\
\updownarrow & \updownarrow & \updownarrow & \updownarrow & \updownarrow & \\
1^2 & 2^2 & 3^2 & 4^2 & 5^2 & \cdots
\end{array}
\tag{4.3}
$$

把所有自然数在想象中排成一行，每个自然数肩膀上添个小小的 2，便正好是全体完全平方数。难道添上这些指数（即 2）就能把全体自然数变少了吗？

这样看，全体自然数又应当和全体平方数一样多！

伽利略没有解决这个矛盾。他承认，在比较实无穷之间的大小时，遇到了无法克服的困难。他把这个困惑留给了后人。

应当说，伽利略的确是科学战线上的勇士，他提出了前人没有提出过的比较无穷大小的问题，揭开了人类认识“无穷”这场有声有色的话剧的序幕。

4.2 康托，闯入无穷王国的先锋①

现在，我们站在前人肩膀上回过头评论，就能清楚地知道伽利略在这一困难面前受挫的原因。

问题是要比较无穷之间的大小。要比较，就得有个标准。什么叫做大，什么叫做小，什么叫做相等？如果连这些问题都没有明确的回答，又怎能比较出结果呢？

伽利略疏忽了这个要害问题。

现代数学中思考问题的基本方式之一，就是在讨论问题之前先想想有关的关键用语的明确含意——定义。有了定义，讨论就有了依据。对待这个让伽利略碰了钉子的问题，康托正是从建立明确定义入手而获得成功的。

① 数学界一般认为康托是第一个认真看待实无穷的数学家。但也有数学史家提出不同看法，他们认为在此之前的莱布尼茨和波尔查诺都曾对实无穷在数学上和哲学上的重要性做过研究，在无穷概念的历史发展中占有重要地位。

康托（1845—1918）是近代最著名的数学家和逻辑学家之一。他所创立的集合论已被公认是现代数学的基础。他对实无穷的研究，在数学和哲学上都有重大的影响。

所谓集合，是指把一些个体放在一起考虑时它们形成的整体。例如，教室里25个学生组成的集合，太阳系八大行星的集合。集合里的个体叫做它的元素。集合里的元素可以有有穷个，也可以有无穷个。全体自然数的集合，就有无穷多个元素。

有了两个集合 A 和 B，如何比较其大小呢？也就是说，如何确定 A 中元素多还是 B 中元素多呢？这就需要有个标准。标准靠我们制订，不过不能随心所欲地制订，要订得合理，订得符合实际，订得能自圆其说，讲得通。这样，制订标准时就必须参考我们的实际经验。

对于两个无穷集的大小比较，我们是没有经验的。倒是对有穷集的比较，我们知道该怎么办。屋子里有许多人，又有许多椅子。人组成一个集合，椅子组成一个集合。哪个集合元素多呢？通常的办法是数一数。

不过还有一种更痛快的办法：请大家就座。一人坐一把椅子，一把椅子上坐一个人。如果所有椅子都被坐上了人，又没有人站着，就可以肯定人和椅子一样多。

这叫做建立两个集合的一一对应。一个人对应一把椅子，一把椅子对应一个人。能建立一一对应，就表明两个集合一样多。

我们说了两种比较有穷集大小的办法。两种其实是一种。所谓数一数，其实也是一一对应的办法。不是吗？当你数椅子的时候，指着一把椅子说1，又指另一把椅子说2……这样，就把椅子编了号码，也就是在椅子和一部分自然数之间建立了一个一一对应。然后又在人和一部分自然数之间建立一一对应——把人也数一数。最后，以自然数为媒介，看能不能在人与椅子之间建立一一对应。

因此，比较两个有穷集的大小，我们只有一种办法——设法建立两个集合的元素间的一一对应。能建立一一对应，就是一样多。

一一对应，是人们认识事物间数量关系的最基本的办法，也是最古老的办法。

有一个以畜牧为生的原始部落，他们选举领袖的办法不是举手或投票，而是看谁的羊群里羊多。羊最多的人就是当然的领袖。可是他们数数的本领最多数到20，再多就不会数了。怎么办呢，就用一一对应的办法：从两个候选人的羊群里各牵一只羊出来，赶到另一个圈里，再各牵一只，如此下去，直到有一个人的羊被牵光，胜负就确定了。碰巧两群羊一样多的时候，再用别的办法决定。

既然我们经验中只有一种比较多少的办法，我们只有用这种办法比较无穷集的元素多少。

也就是说，不管是有穷集还是无穷集，如果能够在 A 与 B 两个集合的元素之间建立起一种一一对应的关系，就应当承认 A 和 B 的元素一样多。这就是康托提出的观点，也是现代数学所承认的观点。

有了这个“一样多”的定义，伽利略的问题便迎刃而解了。事实上，伽利略自己已经在自然数与完全平方数之间建立了一一对应，即我们的式(4. 3)，可惜他没有就此作出结论。

但是，又怎么解释完全平方数仅仅是自然数的一部分这个事实呢？难道部分可以和整体一样多吗？

我们既然肯定了“一样多”的唯一意义是“可以一一对应”，就不能因为出现了某些不符合习惯思维的现象而动摇①。确实，对有穷集来说，整体不会和部分一样多。然而这是无穷集。难道无穷集有一些不同于有穷集的性质就是不合理的吗？自然数可以和它的部分一样多，这个现象不应当作为否定“可以一一对应就是一样多”的理由。恰恰相反，应当说是由于我们采用了这个“一样多”的合理定义，从而揭示出无穷集不同于有穷集的特征：它可以和自己的部分一样多。

---

① 类似的例子还有不少，譬如四元数。哈密顿研究扩展复数到更高的维次（复数可视为平面上的点），他不能做到三维空间的例子，但在四维空间却造出了四元数，他最终放弃了数学运算中极其重要的交换律。这在当时是一个极端的想法，因为当时还没发展出向量和矩阵。

确实，这已经被数学家们承认为无穷集的一个定义①。什么是无穷集呢？可以和自己的某一部分之间建立一一对应的集合叫无穷集。这种定义跳出了“无穷就是取之不竭，就是非有穷，就是没完没了……”这种同语反复式说明的圈子。

康托关于无穷集的研究成果，一开始便遭到许多哲学家和数学家的激烈反对。其中反对最激烈的便是他的老师，当时德国数学界的权威人士之一的克罗内克。克罗内克在数学上是有很大贡献的，但他以显赫的地位来压制独创见解这件事受到后人的一致批评。

由于克罗内克的反对，康托希望成为柏林大学教授的愿望始终未能实现。不过在他有生之年，康托看到了自己的研究成果得到国际数学界的广泛承认。绝大部分数学家接受了康托关于实在无穷的观点。当时最杰出的数学家希尔伯特给了康托极大的支持。他宣称“谁也不能把我们从康托创建的乐园中赶出去。”

希尔伯特认为深入研究无穷大十分必要！他说，任何一个其他问题都不曾如此深刻地影响人类的精神；任何一个其他观点都不曾如此有效地激励人类的智力；然而，没有任何概念比无穷大更需要澄清……希尔伯特曾在通俗演讲中用生动的比喻向听众解说无穷集的性质，宣传康托的观点。下面就是他所用的比喻。

4.3　希尔伯特的“无穷旅店”

希尔伯特假想有这么一家旅馆，它有无穷多个房间，每个自然数都是某个房间的号码。一位旅客来住宿，可是不巧，所有的房间都有人，旅馆已经客满。

按常理，这位客人只有去找别的旅馆了。然而无穷旅馆的主人却自有办法。他把房间重新安排一下：1号房的客人到2号，2号房的客人到3号，3号房的客

---

① 康托确信超穷数的客观实在性，也给出过一些说明。但要使数学界普遍承认，只有一个检验标准：任何数学理论一旦被认为是相容的，在数学上就是可以接受的，此外别无所求。康托在《集合论基础》中写道：就新数的引进而言，数学中所必需的仅是给出它们的定义，借助这些定义，赋予新数以这样的确定性以及在情况允许时赋予它们以旧数这样一种关系，使得在给定的情况下，它们可以明确地加以区分。一旦满足了所有的这些条件，一种数在数学中就可以，而且必须被认为是存在的和真实的。

人到4号……所有的客人都被安排了新的床位，空出了1号房间给新来的客人。所有的客人都满意了。

严重的情况发生了。来了一个“无穷旅游团”，他们的成员号码用完了所有的自然数。刚才的应急措施现在失效了。怎么办呢?

旅店主人又有了新招。他请1号房的客人到2号，2号到4号，3号到6号……这样，所有的奇数号码房间都空出来了，正好安排给这个“无穷旅游团”的成员们住。

如果到了旅游旺季，来了无穷多个“无穷旅游团”，怎么办呢?店主人略加思索，又想出了妙计：原来的客人仍然统统安排到2号、4号、6号……这些偶数号码房间去，剩下的奇数号码房间这样安排：

第1旅游团的成员住这些房间，号码是

$$3,9,27,81,\cdots,3^n,\cdots \tag{4.4}$$

第2旅游团的成员住的房间号码是

$$5,25,125,625,\cdots,5^n,\cdots \tag{4.5}$$

依次下去是

$$\begin{aligned}&7,49,343,\cdots,7^n,\cdots\\&11,121,1331,\cdots,11^n,\cdots\end{aligned} \tag{4.6}$$

一般规律是：自小到大把奇素数排成一列

$$3,5,7,11,13,17,19,23,\cdots \tag{4.7}$$

设第m个奇素数是P_m，那么，第m旅游团的第n号成员的房间号码就是P_m^n，这样，无穷多个“无穷旅游团”的成员都有了自己的房间。店主这一次还留下了无穷个空床位，它们的号码是那些不能表示为奇素数方幂的正奇数，如

$$1,15,21,35,45,63,75,\cdots \tag{4.8}$$

这个虚构的故事表明，无穷集合的性质和有穷集合是那样的不同。我们在对无穷进行研究的时候，应当对遇到一些出乎意料的新现象有思想准备。

4.4　所有的无穷都一样吗

自然数有无穷多个。如果所有的无穷集合元素都一样多，那么无穷就成为一个贫乏的领域了。康托就是这样想的，他希望找出比自然数集合元素更多的集合。

在中学生已经熟悉的数轴上，整数是稀稀拉拉的，有理数却是密密麻麻的。直观地看，有理数似乎应当比自然数多。可是仔细研究便发现，有理数也和自然数一样多。图4.4-1 清楚地表明可以把全体有理数像自然数那样排成一列纵队，当然也就可以和自然数一一对应了。

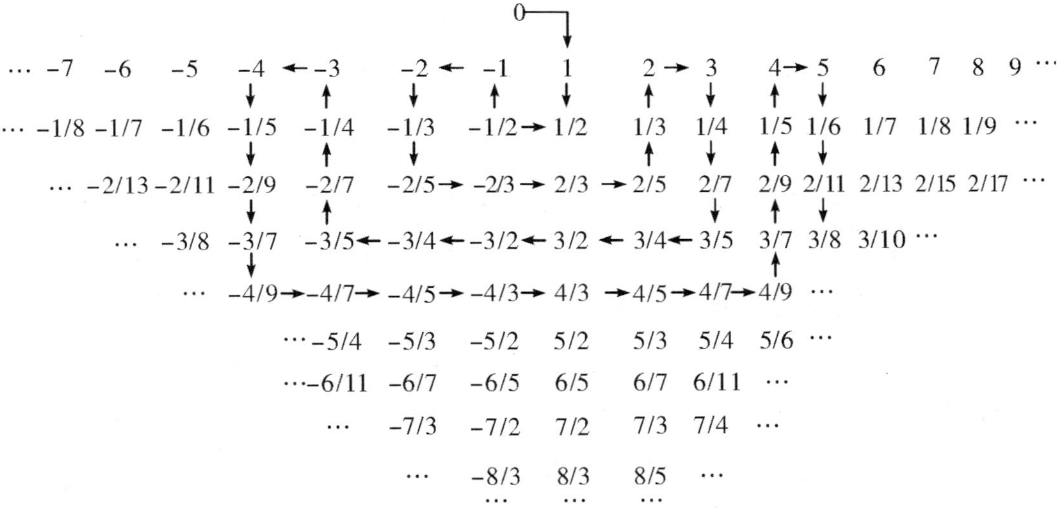

图4.4-1

有理数是一次整系数方程的根，例如方程

$$5x-3=0 \tag{4.9}$$

的根是$\frac{3}{5}$。一般的整系数方程的根就不一定是有理数了，例如方程

$$x^2-2=0 \tag{4.10}$$

的根$\pm\sqrt{2}$就是无理数。凡是整系数方程的根都叫做代数数。代数数的范围比有理数广多了。但是，康托证明：代数数不过和自然数一样多。

图4.4-2 表明，按照一一对应的原则：不同长短的两条线段上的点一样多①，半圆周上的点和直径上的点一样多，半圆周上的点又和无穷直线上的点一样多。因此，无论多么短的一条线段，只要长度不是 0，它上面的点就和无穷直线上的点一样多！

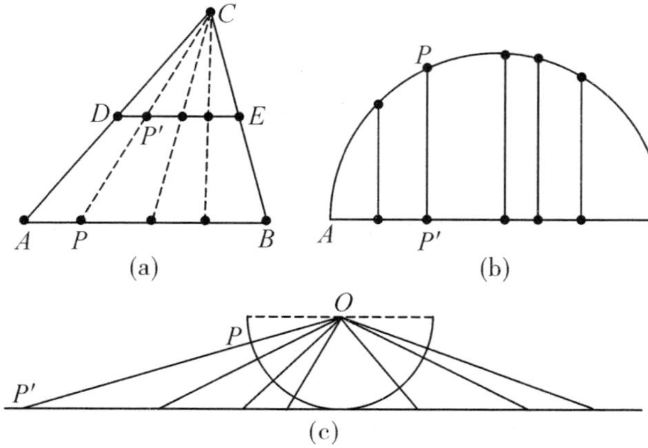

图4.4-2

康托在 1874 年发表的论文，证明了一条线段上的点要比自然数多。这是他最重要的贡献。这个结论是2000多年来经常谈到无穷的思想家们想都没有想到的，而康托却给了这个事实以简明清晰的论证。

他用的是反证法。如果能把线段 AB 上的点编上号——即和自然数一一对应，马上可以导出矛盾：把 AB 看成一根尺，长度为 1，则 AB 上的每个点都可以用 0 到 1 之间的一个实数 x 表示，而 x 可以写成无穷小数：

$$x=0.x_1x_2\cdots x_n\cdots \tag{4.11}$$

假如这些 x 都被编了号：

$$x^{(1)},\ x^{(2)},\ x^{(3)},\ \cdots,\ x^{(k)},\ \cdots \tag{4.12}$$

① 图4.4—2（a）隐含了中位线教学的两种方法。传统教学讲中位线，都是先作 AC，BC 的中点 D，E，然后连接 DE，再告诉学生，这就是中位线。如果使用动态几何软件进行教学，则讲法完全不同，先在底边 AB 上任取一点户，连接 CP，作 CP 中点 P'，然后选择 P，P'，构造轨迹，则可以得到$\triangle ABC$ 底边上的中位线。这让人更加了解中位线的本质：底边 AB 上任意一点与顶点 C 的连线的中点都在中位线上，换句话说，中位线是由无数个中点 M 组成的集合，此处充分体现了一一对应的数学思想。

则可马上找出一个 y 来，

$$y=0.y_1y_2\cdots y_m\cdots \tag{4.13}$$

这些 y_1，y_2，…是这么定的：让 y_1 和 $x^{(1)}$ 的第 1 位小数不同，y_2 和 $x^{(2)}$ 的第 2 位小数不同，y_3 和 $x^{(3)}$ 的第 3 位小数不同……这样 y 就和 $x^{(1)}$，$x^{(2)}$，…，$x^{(n)}$，…中的每个实数都不同，这与把 0 到 1 之间的全体实数都编了号的假定矛盾。

这种证法是富有哲学意味的，它被称为“康托对角线法”。后来，人们用这个方法的思想证明了许多有趣的定理。

另一种证法更富有几何直观性。

仍是反证法：假如线段 AB 上所有的点都被编了号，设 AB 长度为 l。从 AB 上挖掉长为 $\frac{l}{4}$ 的一段，其中包括 1 号点，再挖掉长为 $\frac{l}{8}$ 的包含 2 号点的那一段，然后挖掉包含 3 号点的长为 $\frac{l}{16}$ 的一段，这样把所有的点都挖去之后，被挖掉线段的总长不超过

$$\frac{l}{4}+\frac{l}{8}+\frac{l}{16}+\cdots=\frac{l}{2} \tag{4.14}$$

那么，剩下的一半线段是由哪些点构成的呢？不是已挖光了吗？

本来，康托是想证明实数和自然数一样多。可是事与愿违，3 年的艰辛探索带来的是上述相反的结论。这表明，虽然概念是人创造出来的，但是它一旦形成，便有着不以人的意志为转移的客观规律。这颇像小说家笔下的人物。鲁迅说过，当写小说的时候，写着写着，人物就活起来了！

那么，有没有比线段上的点的集合含有更多元素的集合呢？开始，康托猜想平面上的点应当比线段上的点更多。当时一些有名望的数学家都这么想。经过 3 年思考之后，康托又一次意外地发现：线段上的点和全空间的点一样多！证明十分简单：在笛卡儿坐标系中，空间的一个点可以用坐标（x，y，z）表示。把 x，y，z 写成无穷小数：

$$\begin{cases} x=l.\ x_1x_2x_3\cdots x_k\cdots \\ y=m.\ y_1y_2\cdots y_k\cdots \\ z=n.\ z_1z_2\cdots z_k\cdots \end{cases} \tag{4.15}$$

则可马上把（x，y，z）变成一个数

$$N.\ a_1a_2\cdots a_k\cdots \tag{4.16}$$

其中，小数部分是从式（4.15）中的三列小数作“多队合一队”的“体操队形变换”得到的：

$$\begin{array}{c} 0.\ a_1a_2a_3\cdots \\ \updownarrow\ \updownarrow\ \updownarrow \\ 0.\ x_1y_1z_1x_2y_2z_2\cdots \end{array} \tag{4.17}$$

而整数部分取

$$N=P_1^lP_2^mP_3^n。\tag{4.18}$$

这里 $P_1=2$ 或 3，$P_2=5$ 或 7，$P_3=11$ 或 13，视 l，m，n 为负数或非负数而定。

这样，整个空间的点可以和一部分实数建立一一对应，而全体实数又可以和线段上的点一一对应。结果，空间虽大，包含的点不过和线段上的点一样多罢了。

又过了几年，康托终于找到了比实数集合更大的集合。他实际上证明了：无穷是无穷的。有一个无穷，就有一个更大的无穷。具体地说，任一个无穷集 M，它的所有子集的数目总比它的元素多。

所谓 M 的子集，是由 M 的若干元素构成的集合。例如，三元素集$\{a, b, c\}$有 8 个子集：

$$\varnothing，\{a\}，\{b\}，\{c\}，\{a, b\}，\{a, c\}，\{b, c\}，\{a, b, c\}。\tag{4.19}$$

第一个是空集，最后一个是 M 自身。

一般来说，n 元素集共有 2^n 个子集。对有穷集，子集确比元素多：$2^n>n$。

对无穷集 M，怎么知道子集比元素多呢?

还是用反证法：假设在 M 的子集与 M 的元素之间建立了一个一一对应，M

的每个子集都有了一个“号码”α，α 是 M 的元素，于是 M 的子集可以写成 M_α 的样子。

也许 α 正好是 M_α 的元素，这时说 α 是好的。

也许不是，这时说 α 是坏的。

现在，所有的坏元素也组成 M 的一个子集，比方说，是 M_β。

那么，β 是好的，还是坏的呢？

如果 β 是好的，按“好”的定义，β 是 M_β 的元素；又按 M_β 的定义，β 应当是坏的。

如果 β 是坏的，按 M_β 的定义，β 是 M_β 的元素；又按“好”的定义，β 是好的。

这陷入了矛盾的境地。这表明 M 的子集与元素之间不可能一一对应。

这样的证明实质上已不涉及数量关系，它本质上是哲学和逻辑学的。怪不得康托晚年要求普鲁士教育部把他的数学教授的职位改为哲学教授。

康托把集合元素的数量叫做集合的基数或集合的势。有穷集的基数是自然数，无穷集的基数叫超限数。

有穷基数——自然数的全体构成了最小的无穷集，这个无穷叫“可数”的无穷。康托给它一个记号，叫 $\aleph_0$（读作阿列夫零）。

全体实数之集的基数叫做“连续统”的无穷，记号是 $\aleph_1$。前面已经证明了 $\aleph_1 > \aleph_0$。

4.5　自然数究竟有多少

现在，可以回答本章开始提出的问题了：自然数有多少呢？答曰：有 $\aleph_0$ 个。

这算不算一个回答呢？

如果你要弄清什么才算是合理的回答，不妨想想类似的关于有穷的问题：你的一只手有多少指头？答曰：5 个。这算不算一个合理的回答呢？当然算。

为什么呢？因为 5 是一个熟悉的符号！不仅如此，还因为我们知道 5 这个数目的意义。什么是 5 的意义呢？这不能仅仅从 5 本身说明。有些国家的文字中，5 就是手，这就无法用 5 回答刚才的问题——答案成了：一只手上的手指有手上的手指那么多。我们对 5 的了解，在于 5 在数系中的地位是明确的，5 在算术运算中的作用是清楚的。5 比 4 大，比 6 小。5 加 3 等于 8，5 乘 2 等于 10，等等。了解 5，不是指认识了这个符号，而在于掌握了某些关系，某种结构。

同样的，我们说自然数有 $\aleph_0$ 个，并不是因为康托建议用 $\aleph_0$ 这个符号，而是因为弄清楚了 $\aleph_0$ 在数系中的地位。$\aleph_0$ 比每个自然数都大，比每个别的无穷基数都小，它是最小的无穷。$\aleph_0+1=\aleph_0$，$2\aleph_0=\aleph_0$，$\aleph_0\cdot\aleph_0=\aleph_0$，等等。

我们还知道 $2^{\aleph_0}=\aleph_1>\aleph_0$。这是因为自然数的子集和实数一样多。既然含 n 个元素的有穷集的子集个数是 2^n，那么我们自然可以说 $\aleph_0$ 个元素的集其子集的个数是 $2^{\aleph_0}$。事实上，自然数排成一行以后，把属于某个子集 P 的数换成 1，不属于 P 的换成 0，便得到一个由 1 和 0 组成的列。加上一个小数点，便成为一个用二进位表示的实数，这就是 $2^{\aleph_0}=\aleph_1$。

既然我们可以对无穷基数作比较，作运算，知道它们是什么意思，那么，我们说“自然数有 $\aleph_0$ 个”，也就是合理的回答了。

对无穷的研究，不仅是空议论，它使我们了解到另外一些更具体的东西。例如，一个班里有 50 名学生，只有 35 名男生，根据 $50>35$，就知道必有女生。类似地，我们上面知道了全体实数有 $\aleph_1$ 个，而全体代数数和自然数一样多，即 $\aleph_0$ 个。根据 $\aleph_1>\aleph_0$，就知道一定有非代数数——超越数。但在康托之前，数学家为了弄清有没有超越数，可花了不少气力呢①。

对无穷集合的研究，又一次证明了数学思维的力量。无穷是怎么回事，是哲学家们2000多年间反复谈论而始终说不清的问题。一些卓越的哲学家如亚里士多

---

① 超越数是不能满足任何整系数代数方程的实数。两个著名的例子：自然对数的底 e 于 1873 年被证明是超越数，圆周率 π 于 1882 年被证明是超越数。可以证明超越数有无穷多个。在实数中除了代数数外，其余的都是超越数。所有超越数构成的集是一个不可数集。这暗示超越数远多于代数数。可是，现今发现的超越数极少，因为要证明一个数是超越数是十分困难的。

德、康德、莱布尼茨都坚持没有实在的无穷，实际上是认为人不可能认识实无穷，像认识自然数一样。然而数学思维终于进入了无穷的王国。

哲学和数学都讲究把握概念。可是哲学家对概念的理解主要是力图讲明白它的字义，说明概念的形成过程；数学家则更关心概念在推理中服从的规则。因此，数学方法的基本点是概念的明晰性。

对无穷认识的突破，不是因为使用了复杂高深公式的推演与计算，而是因为建立了“集合”概念和集合元素“一样多”的概念。这些概念在日常生活中早有基础。康托能做的，2000多年前的哲学家与数学家照理也可以做。那么为什么直到 19 世纪人类才认识到这些概念呢？这当然是因为这时数学家进一步认识到了概念的明晰对推理的作用，知道了什么叫严格的推理。而这，与非欧几何的出现大有关系。

但是，正是在数学家们为进入无穷王国而欢唱凯歌之际，作为数学基础的集合理论暴露出深刻的矛盾而陷入了危机。

阅读材料

4.6　有理数的自白

在一条数轴上，不管你站在哪个位置，左右看去，都是我们的兄弟，大家挨得是如此接近。我心想，这条线还不被我们彻底占住了吗?

结果有一天，魔鬼测度的出现，竟让我们的家族没有了立足之地!

有理数是稠密的。所谓稠密，就是把有理数和数轴上的点一一对应，那么在数轴上不管多么小的范围内，都存在有理数。或者说，有理数在数轴上是密密麻麻，到处都有的。

但测度论专家把我们有理数家族挤压在数轴的某处，不紧不松，我们彼此之间没有重叠，也没有缝隙，我们在数轴上占用了多大的长度？答案简直让人难以相信!

测度论专家是这样解释的：先将所有有理数排成一个序列。假设第 1 个有理数占宽度$\frac{\varepsilon}{2}$，第 2 个有理数占宽度$\frac{\varepsilon}{2^2}$……第 n 个有理数占宽度$\frac{\varepsilon}{2^n}$……那么所有有理数所占宽度的总和为$\frac{\varepsilon}{2}+\frac{\varepsilon}{2^2}+\cdots+\frac{\varepsilon}{2^n}+\cdots=\varepsilon$。而实际上每个有理数所占宽度是要小于$\frac{\varepsilon}{2^n}$的，这说明有理数所占宽度总和不超过 ε。由于 ε 可以取任意小的数，所有有理数在数轴上所占的总宽度为 0。

4.7　素数无穷的不同表述

有一个游戏是这样的。让 A 看一张纸条，上面记录了一件事情；然后 A 将这件事传达给 B，B 传达给 C，C 传达给 D，要求只能做动作不能说话；最后让 D 把接收的信息说出来。这样的游戏，其结果常常与当初的本意相差很远，让人啼笑皆非。

知识的传承也会出现类似的情况。倒不是因为知识的传递过程不允许说话，而是更复杂的原因导致后来者所接收的信息与最初的面目有差别了。那么解决问题的最好方法就是，跳过 B，C，D 这些中间人，直接跑去问 A，到底他想表达什么意思。哲人有云：读史明智。其意义可能就在于此。

学习反证法或构造法，常常配套的经典例题就是“素数有无穷多个”。但在《几何原本》当中，说法却有所不同：“质数比任意给定的一群质数还多”。这两个表述意思完全一样，但细节值得思考。

第一，《几何原本》没有出现“无穷”字样，这说明古代数学家在无穷的问题上相当谨慎，有所避忌。这要注意中西方古代数学家的不同。中国古代数学家主要是为政府办事，注重实用性；而西方古代数学研究人员则是创立学说，开创学派，通过讲学来养活自己和传播思想。同行之间竞争难免，这必然使得这些数学家越来越严谨，尽量避开自己解释不清楚的问题，以免露出破绽，被人攻击。

第二，“素数有无穷多个”只是表述了一种事实的存在性，并没有给我们更多的提示。而“质数比任意给定的一群质数还多”除了告诉我们素数有无穷多个之外，还启发我们证明的方法，先假设给定任意个质数，想办法再多找一个，就完成了定理的证明。

第三，构造法让人信服。有些人是缺乏安全感的。你仅仅告诉他存在这么一个东西，他是不大相信的。但倘若你拿这个东西给他看，马上就能打消他的疑虑。而且，有时候仅仅知道存在性是不够的。譬如你在松下问童子，你师父哪去了？童子回答，师父采药去了，只在此山中，云深不知处。这样的回答很可能会让访客失望。相反地，当有人拿着个素数表说“估计素数就这么多了吧”的时候，你马上构造一个新的素数给他看，由不得他不信。

《几何原本》尽量避免出现一些含混不清的概念。在传达信息的时候，除了意思表达清楚之外，它还尽可能多给人启发，尽量寻求让人信服的证明，是一本极好的教科书，值得一读。

4.8 数学的严格

几乎所有人都认为，严格是数学的显著特征。其实，数学的绝对的严格只是一个传说。严格是相对的。

过分强调数学严格，不但难以给学习者带来什么好处，还会吓退他们。只有当学习者对于所要讨论的事物本身已经足够了解，才能领会每一步推理都是必需的。

以长方形面积等于长乘宽为例。大家在小学就知道这个结论，但直到大学毕业，也没几个人真正搞清楚它的证明。是教材忘写了吗？不是的，而是证明的复杂超出绝大多数人的想象。很多人面对这样严格的证明，也难以接受。因为他们实在难以相信这么简单的命题还要用到阿基米德原理、极限理论。

甚至连面积的定义，严格讲清楚都不容易。现在教科书上的定义：“物体表面或平面图形的大小叫面积”，只是对面积的描述，并不是严格的定义。因为有了面积，才可能谈大小。严格的定义里不能出现“大小”的词汇。

几何的推理，一直被认为是数学中最严格的部分。而吴文俊院士研究指出，中学几何研究不可能做到严格，很多时候结论都是靠直观感受。

吴文俊院士认为："中国古代的几何学，没有公理体系，但是有原理，例如出入相补原理等。中学几何课上，讲公理不如讲原理，例如三角形全等的条件，就是一个原理。我们选择若干个原理，将几何内容串起来，比公理系统要好。一部经典力学，就是从牛顿三大定律（三个原理）推演出来的。也有人认为，从原理出发不严格，使用公理体系才能做到严密，这是在唬人骗人，中学几何课程根本做不到希尔伯特《几何基础》那样的严格性，欧几里得《几何原本》里的公理体系也是不严格的，我们没有必要去追求这种公理系统的严密性。"

过于追求逻辑上的严谨，有时会闹出笑话。

一个工程师、物理学家以及一个数学家去苏格兰度假，坐在火车上，他们发现窗外田野中间有一头黑色的羊。

"多么有趣呀！"工程师发现并说道，"所有苏格兰的羊都是黑色的！"

这时，物理学家回答道："不！是一些苏格兰的羊是黑色的。"

数学家恳切地凝视着天空，吟诵地唱道："在苏格兰，至少存在一个田野，这个田野里至少存在一只羊，这只羊至少有一面是黑的！"

M. 克莱因认为严格性可能是数学永远达不到的目标，但没有必要悲观，因为在追求这一目标的过程中，我们能够继续产生一些卓越而有用的著作。即使失掉了幻想，我们仍能继续从事于数学①。

思考和讨论

关于实无穷和潜无穷之争，我国学者徐利治和王前提出了自己独特的看法。请阅读下面的材料，谈谈你的看法。下面的材料只是《论自然数列的二重性与双相无限性及其对数学发展的影响》的摘录，详情请看原文。

① 有人对 M. 克莱因的著作《确定性的丧失》望文生义，以为 M. 克莱因对数学失去信心了。其实，确定性的丧失给了数学家更大的思想自由和创新空间。

自然数列的二重性：内蕴性和排序性

内蕴性是指自然数列所具有的内在性质，它们表现为自然数之间的各种特定关系，如互素、同余等。内蕴性的其中一个特点是：内蕴性随着自然数列的延伸而不断趋向复杂化，新的性质不断产生。譬如 n 和 $n+1$ 就可以有完全不同的性质。这说明内蕴性认识不完，具有内蕴性的自然数永远处在不断创造的过程中。自然数表现为一种开放性系统。

排序性是指自然数总体的外在性质，由皮亚诺公理作了规范化的确定。排序性的其中一个特点是：排序性是自然数列所具有的最单纯的序结构性质，$n+1$ 仅作为其前趋 n 的一个后继，而并不考虑它所涉及的任何数论性质。如果自然数集 S 含有 1 及任一自然数 a，它一定也含有 a 的后继的话，则 S 就含有全部自然数。纯粹从排序性出发，可以把自然数集看做是一个有序集合。

内蕴性是潜藏在自然数列中的微观性质，排序性是自然数列显示的宏观本性。着眼于内蕴性的自然数列给出潜无限模式，而着眼于排序性的自然数列则导致实无限模式。因为自然数列兼具上述二重性本质，从而能有两种形式上对立而相合的模式，所以自然数列本质上是一种双相无限结构。

在历史上，对数论和代数学有过精深研究的数学家常常要对自然数的内在结构性质作分析，他们趋向于潜无限模式。而分析学家面对种种极限过程问题和无穷点集（譬如聚点）分析问题，无法避开实无限模式。

认识到自然数列的二重性及其所表现的双相无限性之后，就能看出当年诸流派争论分歧的根源。

第五章

罗素悖论引起的轩然大波——第三次数学危机

罗素在《我的哲学的发展》第七章里写道，自亚里士多德以来，无论哪一个学派的逻辑学家，从他们所公认的前提中似乎都可以推出一些矛盾来。这表明有些东西是有毛病的，但是指不出纠正的方法是什么。在1901年的春季，其中一种矛盾的发现把我正在享受的那种逻辑蜜月打断了。我把这件倒霉的事告诉了怀特海，他引了一句话："愉快自信的清晨不再来"，我却不能得到安慰。

罗素所发现的悖论是在研究说谎者悖论时的感悟。罗素认为：说谎者悖论最简单地勾画出了他发现的那个矛盾，那个说谎的人说"不论我说什么都是假的"。事实上，这就是他所说的一句话，但是这句话是指他所说的话的总体。只是把这句话包括在那个总体之中的时候才产生一个悖论。

罗素提出了将命题分层的解决办法："第一级命题我们可以说就是不涉及命题总体的那些命题；第二级命题就是涉及第一级命题的总体的那些命题；其余仿此，以至无穷。"在此基础上，罗素和怀特海合著《数学原理》，尝试将数学归结到逻辑。

《数学原理》的复杂程度让人望而生畏。那么最后罗素悖论究竟是如何解决的呢？数学能否建立在简明而又可靠的基础上？

本章研究罗素悖论和悖论的排除。研究数学基础的人认为，这是牵涉数学基础是否牢固的关键问题。

康托的集合论的成果使数学家们欢欣鼓舞，集合论不但使人们认识了实在的无穷，而且自然而然地被看成是数学的基础。

集合论是数学的基础，这里面有两层意思。

第一层意思：不论哪一门数学，开宗明义，总得有自己的研究对象。这些研究对象，就形成一个集合，或一些集合。几何要研究点的集合、直线的集合、图形的集合，算术要研究整数和分数的集合，微积分要研究实数的集合、函数的集合。每门数学都用得上集合论。

第二层意思：数学要研究数与形。有了解析几何，形可以转化为数，因而归根结底要研究数。数有复数、实数、有理数、整数、自然数。但是复数可以归结到实数对，实数可以归结到有理数的分割，有理数可以归结为整数之比，整数可以归结为自然数。全部数学就归结为自然数了。自然数又归结为什么呢？19 世纪的数学家与逻辑学家弗雷格，根据康托集合论的思想，写了一本《算术基础》，主张把算术的基础归结为逻辑。逻辑是普遍承认的推理规则，它在各门科学中都被不加怀疑地使用。如果数学可以归结为算术，算术又可以归结为逻辑，数学大厦也就有了稳固的基础了。

5.1 逻辑—集合—数

弗雷格从逻辑中所谓概念的外延出发，比如，“狗”是一个概念，与这个概念相符的东西都是狗。于是，这个概念的外延就是所有的狗。“太阳系中的行星”这个概念的外延，就是地球、金星、木星、水星、火星等行星。

这样一来，一个概念可以确定一些事物，这些事物组成一个集合。不过，弗雷格没有采用康托的说法：把我们从直觉或思想上可以确定的，能够明显区别的对象 M 汇集成一个整体，这个整体 M 叫集合，m 叫做 M 的元素。康托说的集合，就是弗雷格的外延。

有些概念的外延是空无一物的。例如“方程 $x^2+1=0$ 的实根”，就一个也没有。自相矛盾的概念的外延也必然是空的，如“白色的黑狗”。有些概念的外延是由唯一的事物组成的，如“太阳”“北京”，等等。

现在，假定我们还没有数的概念，我们不知道什么是 1，2，3，…我们希望从对概念外延的讨论中得出数的概念。

下面我们干脆把概念的外延叫做集合，而符合这个概念的事物就是这个集合的元素。

虽然我们不知道什么叫做数，但是我们可以用一一对应的手段来检验两个集合的元素是不是一样多。如果两个集合之间可以建立一一对应，便说两个集合是数量等价的。彼此数量等价的集合，组成一个类。

空集组成的类叫做 0。具体的做法，弗雷格用概念“自己不是自己”的外延确定了空集。

有了开头的 0，就好办了。

概念“空集组成的类”就确定了一个非空的集合 {0}，与 {0} 数量等价的集合类叫做 1。

由 1 与 0 组成一个集合 {0，1}，与 {0，1} 数量等价的集合组成的类叫做 2。

与 {0，1，2} 数量等价的集合类叫做 3。

一般地，有了 0，1，2，…，n，就可以规定与集合 {0，1，2，…，n) 数量等价的集合类叫做 $n+1$。

这真有点像变戏法。从一无所有开始，用记号 {　} 表示空集，于是

$$\{\ \ \}=0，\{0\}=1，\{0，1\}=2，\{0，1，2\}=3$$

就都变出来了。

中国古代的一种说法，叫做“无极生太极，太极生两仪”，也类似于“0 生出 1，1 生出 2”，不过没有弗雷格这么明确罢了。

如果承认“概念的外延”属于逻辑范畴，弗雷格就算是把算术归结为逻辑

了。但是，正当弗雷格的著作即将出版之际，罗素的一封信给他泼来了一盆冷水。

5.2 罗素悖论

罗素悖论的通俗化模型很多。例如：

理发师悖论　某村有一位手艺高超的理发师，他只给村里一切不给自己刮脸的人刮脸。那么，他给不给自己刮脸呢？

如果他不给自己刮脸，他是个不给自己刮脸的人，他应当给自己刮脸。

如果他给自己刮脸，由于他只给不给自己刮脸的人刮脸，他就不应当给自己刮脸。

机器人悖论　某工厂有很多机器人，有一个专门修理机器人的机器人，叫做 X，X 按规定只修理那些不会修理自己的机器人。那么，X 给不给自己修理呢？

图书目录悖论　图书目录本身也是书，所以它可能把自己也列入书中作为一条目录，也可能不列入自己。现在要求把那些不列入自己的目录编成一本目录，那么，它该不该把自己列入呢？

如果它不列入自己，按要求它应当列入自己。如果列入自己，按要求又不该列入自己。这些悖论说说有趣，好像与数学没有多大关系，但是把面目一变，成了下面的罗素悖论，就大不一样了。

罗素（1872—1970）是英国著名的哲学家、数学家和社会改革家，曾获得诺贝尔文学奖。1902 年 6 月，他给正在致力于把算术化归于集合和逻辑的弗雷格写了一封信，叙述了他所发现的一条悖论。

有些集合不以自己为元素，如弗雷格规定的 $\{0, 1, 2\}=3$，“3”并不是自己的元素；也有些集合以自己为元素，如“所有集合的集合”，自己是个集合，所以也是自己的元素。

现在考虑所有那些“不以自己为元素的集合”。这个概念的外延确定了一个集合，它是不是自己的元素呢？

如果它以自己为元素，它就不符合定义自己的概念，因而不是自己的元素。

如果它不以自己为元素呢？它又和概念相符了，则它应当以自己为元素。这就陷入了两难之境。

罗素悖论的特点是只用到“集合”“元素”“属于”这些最基本的概念，这正符合弗雷格用概念的外延来定义集合的方法，实质上也就是康托所主张的用描述集合元素性质的方法来定义集合。从如此基本的概念出发竟推出了矛盾，这就表明在集合论中存在着大漏洞。把集合论作为算术乃至整个数学的基础这一想法遭到严重的打击。

弗雷格迅速给罗素回复了信。他说：“哎呀！算术动摇了。”他在即将出版的《算术基础》中写了一个后记，说：“在工作结束之后而发现那大厦的基础已经动摇，对于一个科学工作者来说，没有比这更不幸的了。”

罗素的悖论给当时正为了微积分的严格基础被建立而欢欣鼓舞的数学家们泼了一盆冷水。一向认为推理严密、结论永远正确的数学，竟在自己最基础的部分推出了矛盾！而推出矛盾的推理方法如此简单明了①，正是数学家惯用的方法，数学方法的可靠性又从何说起呢？

这就是所谓的第三次数学危机。

5.3 集合的层次理论

罗素悖论出现之后，数学家们觉得，再像康托那样直观地说明什么是集合不行了，像弗雷格那样用概念的外延来定义集合也不行了，但是，该怎样引入集合而又能去掉悖论呢？

罗素提出了层次理论。他认为集合也好，概念也好，都应当是分层次地引入：

① 罗素悖论可以用简单的数学符号表示：用字母表示集合，“x 是集合 y 的元素”写作“$x\in y$”（读作“x 属于 y”，而“$\notin$”读作“不属于”）。罗素悖论是先定义集合 R，定义是：$x\in R$ 当且仅当 $x\notin x$。而用这个定义检验 R 自己时就成了“$R\in R$ 当且仅当 $R\notin R$”。这是个矛盾！

最基本的一层是第 0 层。第 0 层的东西都是个体，不是集合。

以第 0 层的个体为元素的集合是第 1 层集合。

第 2 层集合的元素，只能是第 0 层和第 1 层的。

第 3 层集合的元素，只能是第 0，1，2 层的。

⋮

第 $n+1$ 层集合的元素，只能是第 0，1，…，n 层的。

定义集合的时候，必须说明层次。这样，罗素悖论便不存在了。因为悖论中“所有不以自己为元素的集合构成的集合”这个定义，没有说明是哪一层的，违反了规则。

相应地，罗素把逻辑概念、谓词、命题，都分了层次和类型。

用这种办法，罗素与怀特海合作写了一本巨著《数学原理》，把算术归结到逻辑。

但是，罗素的理论太复杂，太庞大了。

数学家本来希望数学建立在简明可靠的牢固基础之上。现在，搞出了这么复杂的基础，有什么意思呢？

5.4 集合论的公理化

数学家希望用比较简单的方法解决罗素悖论，不倾向于接受罗素庞大的设计。

为什么会出现罗素悖论呢？大家都觉得是因为集合概念太广泛、太松、太不严密了。按康托和弗雷格的想法，每个条件都可以确定一个集合，亦即每一个概念的外延可以确定一个集合，这叫做集合的概括原则，也叫无限抽象原则。大家认为，罗素的悖论，就是不加限制地使用无限抽象原则的结果。

怎样才能把这个原则限制一下、使我们可以用它定义出数学中有用的集合，而不至于出现悖论呢？

首先想出了一套办法的是策墨罗，他提出了一个“有限抽象原则”。这个原则说：如果有了一个集合，又给定一个条件，那么这个集合中所有满足那个条件的元素可以构成一个集合。这个原则其实是说，谈概念的外延要事先划定范围。对于数学家来说，这个原则基本上够用了。因为数学家用的集合——某些点的集合、某些图形的集合、某些公式的集合，确实是划了范围的。

为了保证集合和集合可以作运算（如两个集合合起来成为一个集合），保证无穷集存在，保证原来康托朴素集合论中的一些推理通行无阻，策墨罗还提出了另外几条公理。策墨罗的公理系统后来经过弗兰克、斯柯伦的补充修改，更为合理与完善，叫做 ZFS 公理系统（即 Zermelo-Fraenkel-Skolem 系统）。这就是现代数学中用得最广泛的集合论公理系统。

在公理化了的集合论当中，有两个不加定义的基本概念，一个是“集合”，一个是“∈”（读作属于）。集合用小写拉丁字母表示。所谓公理，就是规定了一些有关“∈”和字母的组合使用方法。这些方法我们直观上可以认为它有某种意义，可是它们的使用规则却与我们的理解无关。

这样，确实消除了罗素悖论。

但是，ZFS 公理系统所描述的集合，是不是与我们所想象的集合完全一致呢？

在描述空间性质的几何学里，我们发现了几种不一致的几何公理系统。在描述数量性质的集合论里，会不会有本质不同的公理系统呢？

5.5　连续统假设

康托的最突出贡献之一，是发现了无穷集之间可以比较大小，特别是具体证明了实数比自然数多（见本书第四章）。

那么，有没有这么一个集合——例如实数集的某个子集——它的元素比实数少，却比自然数多呢？

在多数数学家看来，答案只能有一个：有或者没有。因为自然数和实数都是十分具体的东西，它们的性质应当是确定的。持这种观点的叫做数学实在论者。

有些哲学家认为数学实在论是一种唯心主义的观点。但是数学家把自己研究的对象想象成实在的东西，也许是很难避免的一种倾向。

康托猜想，在自然数集与实数集之间没有这么一个中间大小的集。因为实数集被称为连续统，所以数学家把这个猜想叫连续统假设。跨世纪的大数学家希尔伯特在 1900 年国际数学家大会上提出的著名的 23 个问题中，第一个问题就是连续统假设。

尽管这个问题至今也没有得到彻底解决，但是对它的研究已相当深入。

哥德尔证明：如果认为连续统假设成立，在 ZFS 系统中不会出现矛盾。

这么看，连续统假设也许是真的了？

可不久，科恩又证明：如果认为连续统假设不成立，在 ZFS 系统中也不会出现矛盾。

这就怪了。明明应当有确切答案的问题，却是对也可以，错也可以！

这就像几何里的平行公设那样，假设它成立可以得到欧氏几何，假设它不成立可以得到非欧几何。认为连续统假设成立，可以得到"康托集合论"；不成立，得到"非康集合论"！

由于集合论在数学中的基础性远比几何重要，数学家们不愿接受两种集合论。他们想，这主要是因为 ZFS 公理系统还太粗糙，没有把集合的性质充分描述出来。经过研究，数学家们又提出了"康托全域"的概念。

康托全域是指满足一定条件的集合。这些条件涉及更专门的知识，这里不作阐述。在康托全域中，连续统假设要么成立，要么不成立。究竟是否成立，现在谁也不知道！

这说明在最简单的基本概念后面，竟隐藏着巨大的困难。

5.6 地平线仍在前方

集合论的公理化，解决了罗素悖论带来的困难，却并不意味着万事大吉。

第一个问题是：罗素悖论解决了，会不会哪一天冒出一个新的悖论出来呢？

能不能证明在新建立的数学系统中永远太平无事，不出矛盾了呢？这就是所谓数学的协调性问题。在后面介绍哥德尔定理时，再详细地讨论这个问题。

第二个问题是：集合论可以用公理表述，可是公理系统却不止一个。在不同的公理系统之中，数学家如何选择呢？

例如，策墨罗提出过一个公理，叫“任意选择公理”。这个公理是说：如果有了一些非空集合，这些集合之间没有公共元素，那就一定存在这样的集合，它与每个已给的集合有一个公共元素。或者直白地说：给了一些非空集合，我们就可以从每个集合中任选一个元素作为代表，这些代表们组成一个集合。

有了这条公理，策墨罗证明了一个重要的结果：任何两个集合之间都可以比较大小。

要不要这条公理呢？数学家之间产生了不同的意见。

赞成这个公理的数学家们认为，这个公理当然成立。既然是非空集合，我从其中随便指定一个元素有什么不可以呢？

反对者则说，要指定哪个元素，你就实实在在地指定出来，给出个具体规则，光空口说可以指定是不行的。

比方说，任给一个由自然数组成的集合，选个代表是容易的，选其中最小的就好了。可是如果任给一个实数集合，这个代表根据什么原则产生呢？谁也提不出什么办法，只有靠任意选择公理，才能说总可以选出一个来。

要是不承认任意选择公理，数学中有些重要结果就证不出来。

要是承认任意选择公理，就会出现一些怪定理。例如，豪司道夫应用任意选择公理证明：可以把一个球体分成有限个部分（每一部分都是由点组成的一个集合），这些部分经刚性运动可以重新组成两个同样大的球体！

那么，在 ZFS 的公理系统中，要不要添上这条选择公理呢？这就是个问题。

过去，哲学家只关心数学的出发点——公理，至于从公理出发又得到什么，那是数学家的事。现在发现了新的情况：光看公理，有时是看不出什么问题的。对哲学有着重要意义的问题，往往是在深入的数学工作之后才暴露出来。任意选择公理就是一个例子。

现在，数学家们仍在找寻更好的集合论公理系统。

第三个问题就更带有哲学味道了：如果数学从头到尾全靠公理，公理又只是约定的规则，那么，数学对象的意义又是什么呢？

长期以来，人们认为数学的出发点应当是一些大家一眼就能看明白的自明之理，由此应用演绎的推理方法，一步一步推出一眼看不出来的结论。那么，什么是自明之理呢？

原来以为，有1就有2，有2就有3，有3就有4，这是自明之理。后来，皮亚诺把这种产生自然数的方法归结为5条公理。算术理论就被形式化了。形式化之后，规则成为约定。

弗雷格和康托追求比皮亚诺公理更基本的东西，找到了集合。他们认为“一个条件确定一个集合”（也叫概括原理）是自明之理，这才是数学的基本生长点。然而恰恰是在这一点上出了大问题——产生了罗素悖论。

数学家和哲学家追求数学的最初生长点的研究，就像一次向远处的地平线走去的旅行。终点似乎就在前面，可是走过去之后发现，它还在前方。

但是旅行者毕竟一次又一次地大开眼界，他发现了越来越广大的世界。

数学经历了三次“危机”。

第一次危机的结果，是严格的实数理论的建立。数学家回答了“什么是连续性”这个古老的哲学问题。

第二次危机的结果，是微积分的严密基础的建立。数学家掌握了描述运动与变化的有效方法，彻底弄清了“芝诺悖论”，回答了“运动是怎么回事”这个古老的哲学问题。

第三次数学危机，涉及了“数学自身的基础是什么”。在这次“危机”产生前后，一些卓越的数学家卷入了关于数学本质问题的激烈争论之中。危机的结果，产生了“数学基础”这个至今尚在蓬勃发展的数学领域。

矛盾是事物发展的动力，这个原理在数学发展过程中不断得到证明。

阅读材料

5.7 悖论与危机

悖论（paradox）来自希腊语“para＋dokein”，意思是“多想一想”。这个词的意义比较丰富，它包括一切与人的直觉和日常经验相矛盾的数学结论，那些结论会使我们惊异无比。

美国作家马丁·加德纳在《从惊讶到思考》一书的前言中对悖论的形式进行分类：

（1）一种论断看起来好像肯定错了，但实际上却是对的（佯谬）。

（2）一种论断看起来好像肯定是对的，但实际上却错了（似是而非的理论）。

（3）一系列推理看起来好像无懈可击，可是却导致逻辑上的自相矛盾。

数学史家和科普作家常常将数学悖论和三次数学危机联系在一起。三次数学危机是数学史上的精彩情节，引人入胜；而那些蕴涵哲理的数学悖论更是发人深省。每个悖论的破译，都可从正反两个方面加深对数学基本概念和基本方法的理解。你会感觉到数学的发展真是一波三折。数学的严谨是一代又一代数学家努力的结果，数学的抽象更是千锤百炼而成的。

对于数学悖论，大家的理解至今并不一致。同一个问题，例如有理数的平方不可能等于 2，在古希腊被认为是悖论，在今天看来不过是平常的事实。就是在同一个时代，不同学术素养的人对一个问题是不是悖论也会有不同的看法，甲以为是悖论，乙可能认为不过是推理中的一个普通而隐蔽的错误。

最早的悖论被认为是古希腊的“说谎者悖论”。几年前经过我国数学家文兰院士的严密的分析论证，其本质不过是布尔代数里的一个矛盾方程①。矛盾方程在通常代数中很普通，在布尔代数里也是要多少就有多少，每一个矛盾方程都可以转化为相应的悖论。“物以稀为贵”，要多少有多少，就不新鲜了。

---

① 文兰．解一个古老的悖论［J］．科学，2003，55（4）：51～54.

一个悖论的数学本质被揭露了，它似乎就失去了被继续研究的价值。但是，在数学发展的历史上，它功不可没。当然，研究悖论的逻辑学家或数学哲学家，可能不同意文兰的看法。这说明，同时代的学者对同一个问题是不是悖论，也会有截然不同的看法。甚至，同一个人，今天他认为某个问题是悖论，也许明天就会有不同的看法。

但是，不管一个数学问题是否被称为悖论，它总是一个问题。问题是数学的心脏，对问题的研究推动着数学的发展，对“悖论”的研究当然也会推动数学的发展。

把某些悖论的出现叫做数学危机，不知道是谁最早提出的。

有人认为：数学中有大大小小的许多矛盾，比如正与负、加法与减法、微分与积分、有理数与无理数、实数与虚数，等等。但是整个数学发展过程中还有许多深刻的矛盾，例如有穷与无穷、连续与离散，乃至存在与构造、逻辑与直观、具体对象与抽象对象、概念与计算，等等。在整个数学发展的历史上，贯穿着矛盾的斗争与解决。而在矛盾激化到涉及整个数学的基础时，就产生了数学危机。

但在多数数学家看来，数学中存在悖论，但没有危机，也不会有危机。数学家忙着自己的研究，一般不太关心数学危机的说法。研究数学哲学的人，对于有没有数学危机，也是各有不同的看法。但既然现在已经有了这个说法，又比较能吸引大众的目光，让大家对数学有更多的兴趣，也是好事。

古今中外不少著名的悖论吸引了人们的注意力，激发了人们的思考。我们在面对这些悖论时，不妨多问几个为什么，和古人作一次假想的对话，提出自己独立的看法。

苏格拉底有句名言：“我只知道一件事，那就是什么都不知道。”我们可以理解成是苏格拉底的谦虚。但这句话有没有问题呢？我们无法从这句话中推论出苏格拉底是否知道这件事本身。

马克思有句名言：“世界上没有绝对的真理。”我们也不知道这句话本身是不是“绝对的真理”。

我们可以将悖论看做是思维的魔方、智力的挑战、激发理智的思考、独立的思考。正如布尔巴基所说：古往今来，为数众多的悖论为逻辑思想的发展提供了食粮。

思考和讨论

1. 试分析以下悖论。

谷堆悖论：1粒谷子不能形成谷堆，2粒谷子落地不能形成谷堆，3粒谷子落地也不能形成谷堆，依此类推，无论多少粒谷子落地都不能形成谷堆。

秃子悖论：如果从一个人的头上拔去一根头发，他不会就此成为秃子；再拔去一根，也不会成为秃子；依此类推，头发反复递减他也不会成为秃子。

2. 为什么芝诺悖论看起来如此荒谬，但人们认识它却是这么困难？阅读下面的材料，谈谈你的看法。

芝诺悖论中，除了“飞矢不动”，另外两个悖论也相当有名。这两个悖论本质上是一致的。

两分法悖论：运动是不可能的——由于运动的物体在到达目的地前必须到达其半路上的点，若假设空间无限可分则有限距离包括无穷多点，于是运动的物体会在有限时间内经过无限多点。

阿奇里斯悖论：运动慢的物体不会被运动快的物体追上——由于追赶者首先应该达到被追者出发之点，此时被追者已经往前走了一段距离，因此被追者总是在追赶者前面。

芝诺揭示的矛盾在当时是深刻而复杂的。他看到了无穷小带来的困惑，但没有办法解决。

有观点认为芝诺悖论意义不大，因为用无穷数列求和就可以轻松解决。

罗素有不同看法。他认为这个悖论的本质并不在于无穷项的求和，而是人们对计数的理解困难。他在《我们关于外部世界的知识》一书中指出，芝诺悖论只有到康托之后才能有效地解答。罗素举例说：一个人要从起点跑到终点，假设在这路程中一半、四分之三、八分之七等处都加上标志，而且跑步者只有在裁判员说了“跑!”之后才可以通过其中的一个标志，那么芝诺的结论就会是真的，跑步者永远跑不到终点。

3. 查找资料收集更多的悖论，思考讨论如何消除这些悖论。

第六章

数是什么
——对数学对象本质的几种看法

数学是什么?

现在相当多的数学研究者都不愿意正面回答这个问题。但对于数学哲学研究来说，这是一个本体性问题，必须回答。

一位教授被问起这个问题的时候，他的回答是：不知道。但假如你对偏微分方程的稳定性理论有兴趣，我可以和你交流一下。

这位教授隐含的意思是，你问的问题太宽泛了，无法给出答案。

那么我们缩小范围，问：数是什么?

如果还认为太宽泛，那么我们再缩小范围，问：1是什么?

1真的存在吗?数学中研究的数、函数、集合等是否真的存在?

古往今来，众多的哲学家、数学家对此问题给出了自己的答案。不同的观点，在继承和批判之中得到了发扬，形成了不同学派。

这些学派都希望解释数学的本质，并论证数学的可靠性。那到底他们有哪些观点呢?他们之间的分歧是否可以调和，是不是殊途同归呢?请看本章关于数学对象本质的讨论。

有时，看起来简单的问题，反而难以回答。因为事情已经简单得很难再简单了，只能用较复杂的概念来说明它。但是，把简单的东西复杂化，能算是说明吗？

如果问复数是什么，那是容易回答的，因为复数可以用一对实数表示。问实数是什么，现在也不难回答了，因为实数可以用有理数的分割表示（见本书第一章）。有理数呢，可以表示为整数之比。整数归结为自然数。最后问到自然数是什么，就不那么容易回答了。

这已不只是数学问题了，它同时也是个哲学问题。

它实际上是在问：数学所研究的对象本质是什么？

我们试着从最简单的 1 开始讨论一下。

事实上，历史上长期存在着实数是什么、复数是什么等哲学困惑。到了 19 世纪，这些困惑由于数学家的大量劳动成果而被逐步廓清，自然数是什么的问题才终于凸显出来了。

6.1 1 是什么

这似乎最简单不过了。我们在牙牙学语的时候，就知道“1”。一个皮球，一把椅子，一只白兔。

但是，1 究竟是什么呢？是一个皮球吗？是一把椅子吗？是一只白兔吗？都不是。如果它是一个皮球，就不能又是一把椅子。可是我们使用它的时候，它既可以是一把椅子，又可以是一个皮球，它还可以是一个别的什么东西。

可以说，1 是高度抽象的结果。

你坐着的这把椅子，你看得见，摸得着，是具体的东西，铁木结构的，贴着木纹纸的。

如果说一把椅子，就不具体了。是哪一把呢？是新的还是旧的？木的？铁的？黄的？红的？大的？小的？都不知道，反正是一把椅子。这椅子是抽象的，不是具体的。不过，因为我们见过、坐过具体的椅子，所以当听人说到“一把椅子”时，我们知道它是哪一类的东西。比方说，它可以坐人，坐上之后还可以向后靠。它不会比房间大，不会比拳头小，等等。我们从具体事物中得到抽象概念，又根据具体事物来理解抽象概念。

一把椅子、一只白兔、一个皮球，都已经是抽象的概念了。它已丢掉了事物的许多具体特征：椅子的质料、白兔的品种、皮球的颜色，等等。这些还不算太抽象，因为它们是从具体事物直接抽象而来的。

在这个基础上，再抽象一次，把椅子、白兔、皮球这些东西又舍掉，便剩下了一个赤裸裸的 1。我们对它知道得更少了，它不是一把椅子、一只白兔或一个别的什么，它是纯粹的 1。

然而我们对它的性质还可以有所了解。因为一只白兔和一只白兔在一起是两只白兔，一个皮球加上一个皮球是两个皮球，一把椅子添上一把椅子是两把椅子，舍去了白兔、皮球、椅子之后，我们就得到了关于纯粹的 1 的纯粹的数量关系 $1+1=2$。

当然，我们还要同样地从具体事物中抽象出 2，抽象出“$+$”和“$=$”。

因为 $1+1=2$ 是纯粹的数量关系，所以它可以普遍地运用。它可以表示一个人和一个人是两个人，可以表示一颗星和一颗星是两颗星。它什么都不是，因而可以什么都是。

像一只空的箱子，你可以用它装任何它装得下的东西。像一笔没有设定用途的钱，你可以买任何它可以买到的商品。

作为赤裸裸的数 1，它仍有很多性质，如刚才说过 $1+1=2$，以及 $1+2=3$，$1+5=5+1$，$\frac{1}{2}+\frac{1}{2}=1$，等等。其中它有一个特别的性质：任何数乘 1 仍得该数，如 $5\times1=5$，$1\times3=3$，等等。

在数学里，还可以再抽象。把 $1+1=2$，$1+2=3$，$\frac{1}{2}+\frac{1}{2}=1$ 这些性质置之不顾，只考虑“任何数乘 1 不变”这一条性质，抽象结果，得到更赤裸裸、更抽象的 1，通常称之为“幺元素”或“单位”。

在数的乘法中，任何数乘 1 不变。

在向量的加法中，任何向量加 0 向量不变。

在矩阵乘法中，任何矩阵乘单位矩阵不变。

在函数复合运算中，任何函数与 $f(x)=x$ 复合不变。

于是，数 1、0 向量、单位矩阵以及恒等函数 $f(x)=x$ 都是相应运算下的“1”，即单位，或幺元素。

数学概念就是这样一层一层地抽象出来的。各门科学都要进行抽象，只是数学抽象得最厉害，一直抽象到“凡夫俗子”莫名其妙的程度。

刚才仅仅说到 1。几何中的点、直线、平面还不是抽象的结果！点没有大小，没有大小怎么看得见？谁见过无穷的直线？

只说数学概念是抽象的，是从现实世界的数量关系或别的关系、空间形式或别的形式中抽象出来的，并没有完全解决问题。即使从历史上引证许多事实，把抽象的过程描述得清清楚楚，哲学家还是可以提出各种各样的问题。

数学所研究的抽象物——数、点、直线——它们是客观存在的吗？（当然，同时也就出现了一个哲学问题：什么叫存在？这是自古以来哲学中争论更多的问题了）它们是在人认识它们之前就存在，还是在人认识它们之后才开始存在呢？

人为什么能够进行这种抽象？是来自先天的能力，还是来自后天的经验？

数学结论为什么老是正确的呢？

2000多年来，特别是 19 世纪以来，数学家与哲学家对这些问题有形形色色的回答。

6.2 柏拉图主义——数存在于理念世界

通常认为，整个数学历史上或明或暗地有柏拉图主义的影响。特别是 19 世纪，柏拉图主义在数学实践中几乎占据了统治地位。

柏拉图主义是这么一种观点：数学研究的对象尽管是抽象的，但却是客观存在的，而且它们是不依赖于时间、空间和人的思维而永恒存在的。数学家提出的概念不是创造，而是对这种客观存在的描述。

柏拉图（前427—前347）是有很大影响的古希腊唯心主义哲学家，他的老师苏格拉底和弟子亚里士多德，都是哲学史上有名的人物。他在政治上提出了“理想国”的理论，主张在理想国里人分为金、银与铜铁三等，奴隶是三等之外的牲畜，而国家的统治者应当是他那样具有广博知识并善于深刻思考的“哲学王”。但是，那时当国王的人不学无术者还是不少的，他的政治理想不但没有实现，还被叙拉古国王抓起来贬为奴隶，幸亏他的一个学生把他赎了回来。他回到雅典后，办了一个被称为“柏拉图学园”的学校。这个学园存在了900年之久。

柏拉图认为：存在着两个世界。一个是人们可以看到、听到、摸到的由具体事物组成的实物世界；另一个是理智才能把握的理念世界。具体的实在世界是相对的、变化的，而理念世界则是绝对的、永恒的。

比如，像你我这样的具体的人，像我们坐的具体的椅子，属于实在世界。而抽象的“人”“椅子”，属于理念世界。理念世界是永恒的真实存在，实在世界不过是理念世界的幻影！

柏拉图很重视数学的研究。他认为，数和几何图形，都是永存于理念世界的绝对不变的东西。他主张通过研究数学来认识理念世界，甚至说认识不到数学重要性的人“像猪一样”。

他认为，数学概念，如1，2，3，是人生前灵魂中固有的东西，得自于理念世界。在生活中，由于具体经验的启发或通过学习，唤醒了沉睡的记忆，回忆起了理念世界的知识。

柏拉图的思想对后人有很大影响。许多卓越的数学家，像集合论的创始人康托，认为数学概念是独立于人类思维活动的客观存在，这与柏拉图的看法是一致的。

和毕达哥拉斯类似，柏拉图仍然颠倒了具体事物与抽象概念的关系。事实上，概念不是本来就有的，是人在与具体事物打交道时产生的。为了建立合理可信的数的理论基础，数学家建议了多种不同的方案，这只能表明人们的思维活动形成了从不同角度反映现实的概念体系，而不是回忆起了共同的理念世界的真理。

当然，柏拉图的“认识即回忆”“现实世界是理念世界的幻影”这些观点，数学家是很少有人接受的。所谓数学中的柏拉图主义，只不过是主张或认为数学对象，如自然数、点、直线是客观存在的东西而已。

例如，柏拉图主义认为，自然数总体是存在的，线段上的无穷多个点是存在的。

数学家有柏拉图主义的观点，看来倒不是因为读了柏拉图的著作。许多数学家不一定知道柏拉图是什么观点。当数学家痴迷地进行着创造性的思维活动时，他自然而然地产生一种感觉或感情，觉得自己所探索的不是抽象概念之间的关系，而是客观世界的真理。数学家在引进一个新概念时，他会认为自己是发现了本已存在的东西。这种感觉产生的原因，除了由于献身科学的热情之外，还由于数学的特点。数学结论虽然是人推出来的，但是它有客观性。一个方程有多少根、有哪几个根，是客观的。一个定理，可能被不同的人同时发现，就像它在有人类之前就隐藏在什么地方一样。

唯物主义哲学家，从亚里士多德开始，始终在批判柏拉图主义，然而这种批判在数学领域收效甚微。原因除了上面所说的之外，还由于对“存在”“客观存在”的概念始终说不清。“存在”这个概念，数学家之间、哲学家之间、数学家与哲学家之间，都有不同的理解。哲学家们2000多年来，始终没有给“存在”下一个严格的定义，而且似乎也难以定义。不但没有统一的定义，就连自圆其说的定义也没有。

主观唯心主义者贝克莱主张“存在即被知觉”。按这个定义，数、点、线都不存在了，因为看不见，摸不着，听不到，嗅不出。但是，唯物主义者难道同意用主观唯心主义来批判柏拉图主义吗?

存在主义哲学家萨特主张“存在是人的存在”。按这个定义，抽象的数学概念就都不是存在的了。但是，唯物主义者难道同意用存在主义来批判柏拉图主义吗?

唯物主义主张，世界是物质的，物质是唯一的存在。如果把存在定义为物质，当然抽象的数学对象就不存在了，因为它不是物质。但是，为什么只有物质才算存在呢？这与对物质的理解有关。当爱因斯坦的相对论揭示出物质与能量可以转化时，当物理学家提出场的理论时，有人说唯物主义错了，因为世界上不仅有物质，还有场、能，等等。列宁反驳说：唯物论者所说的物，并没有具体地指明是什么，只是客观存在、不以人的意志为转移的、构成这个世界的东西。场、能都是物质的存在形式。这就表明：无论科学有了任何新成就，都不足以反驳唯物论。科学发现世界上有什么存在，所发现的东西都可以叫做物质。关键在于物质是客观的。这样一来，主张数学对象存在的人就会说：数学对象恰好是客观的、不依人的意志为转移的。这是真的。数学家可以引入概念，可是概念的性质如何却由不得数学家自己。

现代科学提出的一种观点认为：世界万物由三要素构成——物质、能量与信息。那么，数学对象可不可以作为信息而存在呢？

此外，数学家所理解的存在和哲学上所谓的存在并不是一回事。在数学家看来，凡是按一定法则证明了存在的东西就是存在的。不过，对于所使用的法则是什么，数学家之间也有争论。

柏拉图主义对于数学的发展，是起着积极作用还是消极作用呢？这也是一个复杂的问题，值得哲学家进一步探究。

6.3 唯名论观点——数是纸上的符号或头脑中特定的概念

唯名论哲学思想产生于 11 世纪，是经院哲学中较具进步倾向的一派。它早期的著名代表是洛包林（约 1050—1112）。

唯名论者认为客观存在的事物只有具体的个别的东西。这个人、那个人、这把椅子、那把椅子，都是存在的，而一般的、抽象的人、椅子，不过是记号，是词，是名称而已。

按照唯名论的观点，柏拉图的理念世界消失了。数不过是符号，是名称。数不存在于客观世界，只存在于纸上、黑板上或思考它的人的头脑之中。

他们认为，数是在历史上出现的东西。当人们把它写下来，它就出现了。当人们头脑中想到它，谈论它，它就出现了。

这里在逻辑上有两重困难。

首先，如果数仅仅是符号，当不同时代、不同的人、不同的国家用不同的方式来写出表示 1 的不同符号时，我们有多少个 1 呢？在数学里，只有一个唯一的 1！

其次，如果数是由于人的头脑里出现了它才存在的名称，那么，那些很大的数，由于太大，无法记下来，无法说出来，甚至没有人具体想过它，它是不是存在呢？

唯名论者对数的认识带有机械唯物主义的倾向，数学家们很难接受这种观点。但是直到 20 世纪，仍有人在努力发展这一观点使之趋于更为合理。

6.4　康德：数是思维创造的抽象实体

18 世纪末开始兴起的德国古典哲学，是欧洲3000多年来古典哲学的优秀成果的总汇，又是马克思主义哲学的理论渊源。康德（1724—1804）是德国古典哲学的开创者，他的思想对近代哲学界、科学界影响很深。

康德认为，人的知识离不开经验，却又依靠头脑中先天的认识能力去整理经验。先天认识能力是“形式”，后天的感官经验是“材料”，用形式处理材料，能形成具有普遍性、必然性的科学知识。

康德把人的先天认识能力分为感性、知性和理性三种。感性是掌握数学知识的能力；知性是掌握物理学知识的能力；理性企图超越现象世界去认识什么“自在之物”，结果什么也得不到！

感性怎么才能掌握数学知识呢？康德认为人的先天感性直观形式有两种：时间和空间。用先天的时间观念整理关于事物的多与少的经验，便创造了数的概念。因为数是一个接一个，有先后顺序的。用先天的空间概念整理关于事物的形状的经验，便创造出了几何公理。

一句话，按康德的观点，数是人总结经验创造出来的，可是人要靠先天的直观才能把它创造出来。因此，像 $5+7=12$ 这些规律，人是靠先验的洞察力——直觉能力——而肯定其正确性的。康德的这种观点叫“概念论”。

有先天的空间和时间的感性直观吗？初生的婴儿有时间和空间的直观吗？如果说不能证明婴儿有时间和空间的直观，只能说人的时间感与空间感是在一定年龄段形成的，他在世界上已生活了若干年，他的感觉经验和周围的年长者把时空直观能力教给了他。

我们的空间感觉，上、下、前、后、左、右，与地球上的重力和我们的身体结构有关。在重力场中生活，使我们习惯了上、下之分。我们的面、背、双手使我们形成前、后、左、右的观念。也许将来人们可以试验，在宇宙飞船空间站的失重条件下长大的孩子，他的上下观念与地球上的人是否完全一样。

康德的思想，在19世纪一部分数学家当中有深刻影响，它是后面将谈到的直觉主义与构造主义的哲学背景。

6.5 约定论的观点——数学规则不过是人的约定

约定论的观点，是现代西方逻辑实证主义哲学中的看法之一。这种观点认为，数学的公理、符号、对象，结论的正确性，无非是人们之间的一种约定①。按约定的规则承认什么是存在的，什么是不存在的；什么是正确的，什么是不正确的。

为什么 $2+2=4$ 呢？这是约定。我们按约定的规则认为或推出在等式两端这么写是对的。线段上是不是有无穷多个点呢？这本来在哲学上是长期争论过的。柏拉图认为线段是由无穷多个点组成的，他承认无穷是实在的。而亚里士多德坚决反对，他认为只有现实世界才是存在，没有实无穷。而约定论者怎么看呢？他们说，这要看是怎么约定的了。约定线段由无穷多个点组成是可以的，作相反的约定也是可以的，也可以约定另一些性质与推理规则。如果按约定的性质与推理

---

① 譬如中学教材认为：正方形是长方形的特殊情况，但平行四边形一般不认为是梯形的特殊情况。这从逻辑上是难以解释的，只能看做是人为规定。

规则推出线段上有无穷多个点，那么，按约定，就应当承认线段上有无穷多个点。

这么一来，在约定论者看来，数学可以是没有实际内容的，甚至是空的。

确实，数学中的术语、定义具有约定的性质。不过，它不完全是任意的约定。约定论无法说明为什么数学家普遍使用基本上一致的推理规则，也无法解释为什么由约定而产生的结论和现实世界符合得这样好，为什么数学有如此广泛的应用。

试和象棋比较一下。象棋规则确实是一种约定。在严格性、确定性和抽象性方面，数学很像象棋。或者说，可以把象棋作为一种数学。然而数学的主要部分绝不是象棋。数学的大量结论可以在实践中应用，可是象棋的结论——如“单马胜单士”之类，只对棋手有用。

约定论对数学的解释，完全避开了实质性的问题，避开了数学的内容。它无法使人对数学有更深刻的认识。

6.6 逻辑主义——算术是逻辑的一部分

前面所讲的，是一些哲学观点，是所谓认识论的问题。主张这种观点的人，不一定真的在数学中做什么事来实践这种观点。下面将谈到的逻辑主义、直觉主义和形式主义，却是19世纪的数学家中的三大派别。在所谓第三次数学危机中，每一派都力图按自己的观点建造数学的基础。在数学基础这个领域的形成过程中，他们都作出了卓越的贡献。

这三个学派，即以英国哲学家兼数学家罗素为代表的逻辑主义派，以荷兰数学家兼哲学家布劳威尔为代表的直觉主义派和以德国数学家希尔伯特为代表的形式主义派。

逻辑主义的主要人物罗素和弗雷格都是柏拉图主义的支持者。他们认为，自然数是客观存在的。人要认识这种存在，并不需要引进特别的假定，也不需要康德所主张的某种关于数的先天直觉，只要从一般的逻辑出发就可以了。于是他们亲自动手，在逻辑的基础上建立算术，进而建立整个数学，以证明数学是逻辑学的一个分支。

他们的想法是，既然仅从逻辑出发便能建立数学，那么这就表明数学对象是客观存在的了。

弗雷格的工作，由于罗素悖论的出现而受到挫折。罗素与怀特海从头重新做起，建立了庞大的结构，总算实现了把算术还原为逻辑，或者说，还原为集合论。但为了使自己的层次理论不太复杂，罗素最后提出了一个“可化归公理”。这么一来，就不是完全在逻辑上建立算术了。因而有的数学家评论说，在罗素的巨著《数学原理》中，数学不是建立在逻辑学上，而是建立在一种逻辑主义的乐园中。

逻辑主义的后继者的研究，化简了罗素的理论，却不像是逻辑，而越来越成为公理化的集合论。

这样，逻辑主义本来想用自己的工作论证柏拉图主义，结果并没有成功。算术是划归到集合论了，可是集合论的公理系统却有好几个，因而不能说是纯粹的逻辑了。按柏拉图主义的观点，集合的性质是客观的，人们要做的只是认识它与描述它，而不是定义它。现在，我们选哪种集合论来描述存在于“理念世界”的真正集合呢?

当然，这并不足以说服柏拉图主义者。他们可以说：总有一种是描述了真正集合的。这一种正确的描述也许尚未找到，也许就在这几种之中。不过，这样辩解时，柏拉图主义的吸引力就大为减弱了。

尽管逻辑主义的目的并未实现，但是他们的工作证明了数学可以以集合论为基础，并导致了公理化集合论的蓬勃发展。

6.7　直觉主义——数学概念是自主的智力活动

直觉主义的哲学思想来自康德，它特别强调人的直觉对数学概念的作用。

作为直觉主义学派的创始人和代表人物，布劳威尔提出了他对数学对象的看法。

数学中最基本的东西是什么呢？他认为是自然数。自然数是怎么来的呢？他认为是靠人直观地理解从 1 开始每次加 1 这个过程，也就是反复领会这么一串符号

$$|,\ ||,\ |||,\ ||||,\ \cdots$$

当然，也可以是

$$*,\ **,\ ***,\ ****,\ \cdots$$

他认为，人确实具有先天的直觉能力，能这样一个一个地把自然数构造出来。因此，数学对象是人靠智力活动构造出来的。

这样，就否定了柏拉图主义“自然数是客观存在”的观点。认为自然数客观存在，必然认为自然数总体是存在的，因而承认实无穷，即无穷集合。如果认为自然数是这么一个一个构造出来的，承认不承认自然数总体呢？布劳威尔认为不能考虑自然数总体。因为直觉可以想象构造出每一个确定的自然数，却不能想象构造出全体自然数的过程，因为那需要无穷的时间。

康德认为人的数学直觉分为时间与空间两方面，布劳威尔认为，时间直觉已经够了。有时间感，可以分先后次序，就可以从直观上把握自然数的产生过程。

直觉主义认为，数学的对象，必须能像自然数那样明显地用有限步骤构造出来，才可以认为是存在的。什么全体自然数、全体实数，统统无法考虑，因为构造不出来！因此，他们主张一种“构造性数学”。于是，直觉主义者也被叫做构造主义者。

这种否定实在无穷的观点，最早可以追溯到亚里士多德。在数学家当中，康托的老师克罗内克也反对无穷集的观点，主张数学研究的对象一定要能够在有限步骤之内构造出来，构造不出来的就不存在。

比如，$\pi=3.14\,159\,265\cdots$，它的每一位小数都是可以计算出来的。现在用下述办法定义一个数 d。

(A) 如果数列“0 1 2 3 4 5 6 7 8 9”在 π 的十进制小数表示式中反复出现无穷多次，就规定 $d=1$。

(B) 如果数列“0 1 2 3 4 5 6 7 8 9”在 π 的十进制小数表示式中不出现或只出现有穷多次，就规定 $d=0$。

按数学上通常的理解，这个数 d 是存在的。它或者是 0，或者是 1。因为 (A) (B) 必有一成立。

在直觉主义者看来，d 不存在。因为没有给出一个办法把 d 构造出来。

这样，直觉主义者就否认了逻辑上“排中律”在数学中的应用①。在数学中，常常使用反证法。反证法就是应用排中律。而直觉主义就不同意使用反证法。他们主张，要证明一个命题，只能从正面证明。用反证法只证明了命题的否命题不成立，而没有证明命题成立。

这样一来，事情就闹大了。集合论、实数理论、微积分……各个数学分支的大部分基本论证都成为不合法的了，因此多数数学家都不接受直觉主义的观点，因为损失太大。

布劳威尔在自己观点指导下开始了庞大的工程。他建立了构造性的数学：构造性实数、构造性集合论、构造性微积分。在计算机出现之后，构造性数学有了大用场，因为计算机只处理可构造出来的具体符号串。

直觉主义派不但没使数学受到损害，反而用构造性数学使这一领域大大丰富了。

还有一个有趣的现象：直觉主义派的数学家们自己的数学实践活动并不限于构造性数学。像波雷尔、庞加莱、勒贝格这些数学大师们，尽管观点上是直觉主义的，但是他们在数学上的主要贡献都是非构造性的。布劳威尔在数学上最突出的贡献是“不动点定理”，这个定理的证明用的恰恰是布劳威尔所禁止使用的反证法。

我国著名数学家吴文俊院士指出，中国古代数学是构造性数学，在每一个问题中都力求给出构造性的解答。吴文俊院士还指出，由于计算机技术的发展，构

① 这让很多数学家难以接受。希尔伯特就说：“不准数学家使用排中律，就和不准天文学家使用望远镜一样。”

造性数学在不远的将来将出现大的发展，甚至成为数学的主流。

但是，直觉主义的观点和工作仍没有达到否定柏拉图主义的目的。他们使数学家认识到，数学论证有可构造与不可构造之分。然而，怎样使持有柏拉图主义的数学家们承认不可构造的数学对象在客观上是不存在的呢?

6.8 形式主义——把数学化为关于有限符号排列的操作

以希尔伯特为领袖的形式主义学派，对近代数学产生了最大的影响。

希尔伯特是通晓各个数学领域并且关心数学在物理学中的应用的数学大师。他晚年转向数学基础的研究，提出了被称为“形式主义”的观点。

通常认为，形式主义是支持柏拉图主义的，目的是通过形式化为柏拉图主义数学建立稳固可靠的基础。形式主义者主张使用符号推演代替语言，而符号的使用方法要靠约定的规则。但是，形式主义派与前面提到的唯名论、约定论在哲学观点上并不一样。对于形式主义者，数学是有其实质内容的，而且数学对象是可以客观存在的，形式化的方法不过是使数学推理严格化的手段。

按照形式主义的要求，首先应当有一个符号表，其中只有有限个符号。这些符号准备用来代替我们日常讨论数学问题的语言。

就像用字组成句子一样，符号可以组成所谓的公式，有些公式可能没什么意义，有些公式可能有意义，有意义的公式叫“合式公式”。当然，什么叫“合式公式”，要用具体的不含糊的规则来说明。

合式公式相当于命题。从合式公式中选择一些基本的公式，相当于公理。为了从“公理”推演出别的“公式”——定理，应当有一些推理规则。这些推理规则也是一一明确列出的，即什么样的符号串可以换成什么样的符号串。

于是，数学推理就变成完全确定了规则的符号操作了。

为了能推出现有的丰富的数学知识，基本公式——公理的选择应当遵循我们的基本数学概念，推理规则的建立应当符合常用的逻辑法则。这样运用操作规则从基本公式推出别的公式，就叫做证明。

对这套符号系统的研究，叫元数学或证明论。

在进行符号操作的过程中，数学家在思想上认为这些符号是有确切数学含义的。例如，某个符号代表某个无穷集之类，由你去想。可是这样理解丝毫不能影响具体的推演过程。推演过程完全与你的理解无关。不过，数学家的理解有助于提高推演的技巧。

当然，对这种形式系统的研究，只能用日常的、非形式的语言了。

直觉主义派不是主张构造性数学吗？形式系统只用有限个符号组合来组合去，不涉及无穷过程，确实是构造性数学。

但是，用这种形式系统确实能描述出非构造性数学的内容，比如无穷。

无穷集合是非构造的，可是我们描述无穷集合性质用的语言却是有穷个符号的排列。于是，无穷可以用有穷表示，用有穷个符号之间的推演来描述。直觉主义派反对使用无穷集等概念，却没有理由否定有穷个符号的推演。然而从事推演的数学家，头脑里又可以想着无穷。

可以说，形式主义的方法挡住了直觉主义向非构造性数学的攻击。

希尔伯特在建立了元数学——形式系统的数学之后，提出了两大目标。

(1) 既然数学命题可以用形式系统的“合式公式”来表示，那么，是不是所有的真命题都能在形式系统之内证明呢？也就是说，应用形式的推演规则，能不能推出所有的真命题呢？

这里，是承认排中律的。一个命题和它的否命题总有一个是真的，如果推不出该命题，就应当能推出它的否命题来。这就叫做能推出所有的真命题。如果能推出所有的真命题，就说这个系统是完全的。

(2) 形式系统会不会推出矛盾呢？会不会既能推出某一定理，又能推出这个定理的否定呢？

数学家当然希望不会推出矛盾。如果推不出矛盾，就说这个形式系统是协调的。

希尔伯特的两大目标，就是证明形式数学系统的完全性与协调性。

遗憾的是，进一步的研究表明，这两个目标都是不可能达到的。本书第七章将专门谈这个问题。

希尔伯特的两个目标虽然落空，但是将数学形式化的基本思想作为一种原则几乎被广泛接受，并且，对元数学——证明论的研究发展成为数学基础领域的重要部分。

对数的本质的研究，对数学对象本质的研究，促进了数学基础和数学哲学的大发展。但对"什么是数"这个问题，对"数学的真理意味着什么"这个问题，依然没有一致的回答。

进入20世纪中叶以来，逻辑主义、直觉主义、形式主义之间的争论渐渐平息了。数学家们发现，无论哪一派的主张，都不可能令人满意地、一劳永逸地解决数学基础的问题。不同观点的数学家，沿着自己选定的道路前进，发现大家不约而同地到达同一个地方：数学研究的对象是一些关系与形式，这些关系与形式可以用有限符号来表达，它又能包含着无限丰富的内容。丰富的数学内容无法简单地归结为逻辑，也不能仅将其视为人的直觉的创造物，它的正确性更不可能用符号的推演来最终证明。各派最后都导致了对"算法"的研究，在这一研究基础上出现了计算机的理论。

至于"什么是数""什么是数学的对象"这样的问题，恩格斯曾作过概括的回答：纯数学的对象，是现实世界的空间形式与数量关系。他还指出"为了能够从纯粹的状态中研究这些形式和关系，必须使它们完全脱离自己的内容，把内容作为无关紧要的东西放在一边……"今天，数学的研究范围已远远超过恩格斯所处的时代了。数学不但研究空间形式与数量关系，还研究现实世界的任何形式和关系——只要这些关系能抽象出来用清晰准确的方式表达，即所谓化为数学模型。不仅如此，数学还研究在逻辑上可能的形式与关系——尽管它们暂时还没有被人们在现实世界发现，也许将来也不会发现。

因此，可以说，数学的研究对象是抽象的形式与关系。抓住这一本质加以痛快淋漓地发挥的是20世纪的布尔巴基学派。我们将在另一章中专门谈他们的工作。

阅读材料

6.9 争论与统一

逻辑主义、直觉主义、形式主义这三大学派观点不同，他们沿着自己选定的道路前进，却发现大家不约而同地到达了同一个地方。这种情形在科学发展史上是很常见的。譬如物理学中的波粒二象性也是两派人争论了几百年才最终得到统一。

认识未知事物，总要经过盲人摸象的过程。仁者见仁，智者见智。大家把自己的所得所感表达出来，互相交流，互相提高，这也就是人类的认识水平能够不断提高的原因。

《列子》中有一则预言《两小儿辩日》。孔子遇到两个小孩在争论，一个说："日出时，太阳距离我们近，中午距离我们远。因为日出时太阳大得像车轮，中午小得像盘子。这不正是近大远小吗?"另一个却说："日出时，太阳距离我们远，中午距离我们近。因为日出时我们不觉得热，中午却非常热。这不正是近热远凉吗?"孔子不能答。

对于2000多年前的古人而言，这个问题实在是太难了。尽管两个小孩提出的"近大远小""近热远凉"两个衡量标准，在今天看起来很容易被驳倒，但他们有认识自然、探求客观真理的欲望，敢于独立思考、大胆质疑，这值得我们学习。

也许在千百年后的人看来，我们今天的研究讨论是很片面甚至是错误的，就好像现在的我们看那两个辩日的小孩一样，但这也不打紧，因为我们已经尽力了。

《吕氏春秋》记载了这样的故事。有一富家之人淹死了，有人得到了这个富家之人的尸体，当富家人要求赎回尸体时，得尸者要价甚高，发生争吵，双方都求告于邓析。邓析对富家人说，你不用急，因为得尸者是肯定不会将尸体卖给别人的。然后他又对得尸者说，你不用急，这个富家人必定不会改买别人的尸体。

家属付钱和打捞者收到钱本是同一事件相互依存的两个侧面，邓析却硬生生地将二者割裂开来，给双方出主意时，也是“见人说人话，见鬼说鬼话”。正因为邓析擅长“操两可之说”的巧辩，被人称做是律师之祖。

邓析完全可以把双方聚集在一起，分析状况，找一个双方都可以接受的价格。但倘若如此，邓析可能就难以从中获得好处了。

争论是为了统一。硬把统一的事物割裂开来，则有无事生非之嫌。

6.10　存在与构造

吴文俊院士对中国古代数学有独到见地。他认为，中国古代数学具有两大特色：一是它的构造性；二是它的机械化。我国传统数学在从问题出发以解决问题为宗旨的发展过程中，建立了以构造性与机械化为特色的算法体系，这与西方数学以欧几里得《几何原本》为代表的所谓公理化演绎体系正好遥遥相对（当然，西方古代数学也不排斥算法的研究，求最大公约数的欧几里得算法是最古老的算法之一）。

吴文俊院士认为，应用上对构造性数学的要求更为迫切。一个工程师对于方程解的存在唯一性不会有太多的注意，而更关心一些典型的特解，或利用微扰方法找出近似解。机器定理证明向数学提出了许多构造性的问题，例如将代数簇如何分成不可约分支、把一正定多元多项式如何表示成为有理函数的平方和等。这些问题在非构造性观点下被搁置多年，目前尚无有效的处理方法。据此，吴文俊院士提出了“复兴构造性数学”的口号。

所谓构造性，是指在数学中能具体地给出某一对象或者能给出某一对象的计算方法。反之，也常把数学中的纯存在性证明称为非构造的。相对而言，构造性数学对所讨论的对象描述更加直接，求解更加具体。构造性数学是“眼见为实”，而存在性证明只是证明了“没有被看到的”的存在，这是一种理性的承认。美籍华人数学家王浩对此作了精辟的论述：“构造性数学是做的数学，非构造性数学是在的数学”。数学的在是信息模式和结构的在，数学的做是信息加工。

构造性的研究不仅可以得出较为新颖、较为深刻的见解，而且构造性的成果更便于应用。显然易见，提供解答毕竟比纯存在性地证明有解要有意义得多。当一个数的存在能构造地证明时，那么这个数不仅在理论上，而且实际上就可以计算出来。联系到计算机科学已经蓬勃发展，这种构造性数学的研究更有其深远意义。

非构造性观点在现代数学研究中普遍流行，而中学数学教学中通常使用的都是构造性数学。譬如一元二次方程的求解、求两个数的最大公约数等。

一位中学老师让学生们作一条直线平分一个图形的面积，学生们很快给出三种方案（图6.10-1）。这时听课的大学生指出，其实可以作无数条直线。中学老师说，那你随便作几条给我看看。大学生无言。

由此可看出构造性数学要求远比非构造性数学严格，让人难以把握。

子曰：三人行必有我师。无法考证，对这一命题，孔子是否给出过证明。假定这一命题是正确的，也仅是说明了存在性，并没有给出一种构造法，让我们很容易地在三个人当中，找出适合自己的老师。

希尔伯特在一次讲座中也作过类似的比喻。在座的没有完全秃顶的，那么必然有一个同学的头发是最少的，尽管我没有办法找出他。

崇尚构造法的数学家甚至挑剔欧几里得的构造法用得还不够完美，因为他在证明质数无穷多的时候并没有指出如何确定第 n 个质数的一般方法。

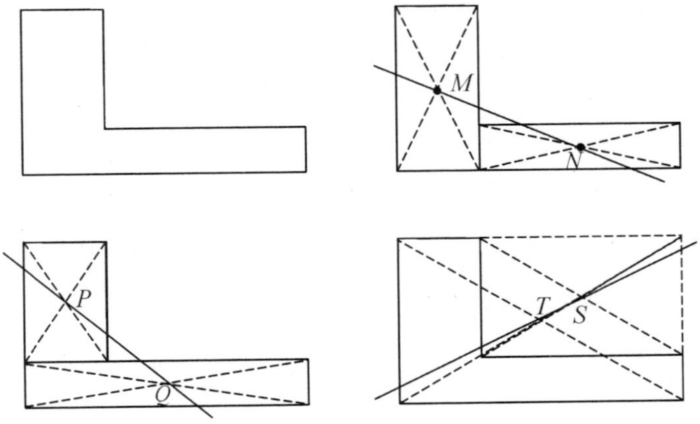

图6.10-1

事物的发展是有过程的。实际研究中有许多问题，一时难以给出构造性的处理，可以先研究存在性、可能性等有关问题，最后再研究如何构造性解决。下面给出一个非常经典的例子。

命题：存在有理数 a，b，使得 a^b 是有理数。

证明：设 $q=\sqrt{2}^{\sqrt{2}}$，那么 q 或者是有理数或者是无理数。如果 q 是有理数，命题得证。如果 q 是无理数，我们设 $a=q$，$b=\sqrt{2}$，则 $a^b=(\sqrt{2}^{\sqrt{2}})^{\sqrt{2}}=\sqrt{2}^2=2$。

这个证明相当巧妙。但崇尚构造法的数学家可能还是不太满意，因为此证明并没有给出具体的 a，b，而是给出两种可能，其中之一必然成立。这需要进一步研究。

1934 年，以发现者命名的格尔丰德—施奈德定理表明：如果 a 和 b 是代数数，其中 $a\neq 0$ 和 1，且 b 不是有理数，那么 a^b 的值一定是超越数。此研究属于希尔伯特第七问题研究范围。

这就说明 $q=\sqrt{2}^{\sqrt{2}}$ 是无理数。原证明可改写为：设 $a=\sqrt{2}^{\sqrt{2}}$，$b=\sqrt{2}$，由格尔丰德—施奈德定理可知 $q=\sqrt{2}^{\sqrt{2}}$ 是无理数，而 $a^b=(\sqrt{2}^{\sqrt{2}})^{\sqrt{2}}=\sqrt{2}^2=2$，命题成立。

格尔丰德—施奈德定理证明极为复杂，新证法的得出来之不易，而且很多人也难以理解，所以非构造性证法也有其存在的意义。

二人博弈的棋类游戏，已经证明存在必不败之法，却很难将之构造出来。对于喜欢下棋的朋友来说，这不能不说是一件幸事。

6.11　$0.\dot{9}=1$ 吗

$0.\dot{9}=1$ 吗？任何一个形如 $0.99\cdots9$ 的数，只要是有限个 9，那么该数肯定是严格小于 1 的。要注意到 $0.99\cdots9$ 中的省略号意味着有限的部分被省略，而 $0.999\cdots$ 中的省略号则表示无限项被省略。

这个问题引发了很多讨论，网络上的争论也不少。典型证法如下。

证法 1：考虑到 $0.\dot{3}=\dfrac{1}{3}$ 大家比较容易接受，等式两边同乘以 3 得 $0.\dot{9}=1$。

证法 2：根据等比数列计算公式得$0.\dot{9}=\frac{0.9}{1-0.1}=1$。

证法 3：反证法，如果$0.\dot{9}\neq 1$，则存在 x，使得$0.\dot{9}<x<1$，而这样的 x 是不存在的。

证法 4：用数学分析中的实数理论来解释（证明略）。

$0.\dot{9}=1$ 的反对者提出了自己的看法。其中有一种说法比较搞笑但又非常形象：你想过超市的商品标价都标 99，199，1999 而不标 100，200，2000 吗？这充分说明了二者的区别！

在数学教学中，特别是中小学数学教学，相当多的学生难以接受$0.\dot{9}=1$。面对老师和资料书的说明，他们提出了自己的看法。以下是一些专家的研究结果。

有学生把$0.\dot{9}$ 视为一个定值，与 1 的差是无穷小，但不是零。

有学生认为$0.\dot{9}$ 在无穷远处有最后 1 个 9。

有些学生承认有无穷多个 9，但只认可$0.\dot{9}\approx 1$。

有些学生坚信一个数能用一种且只能用一种小数的方法来表示。看到两个明显不同的小数，表示的却是相同的实数，难以接受。

种种分歧，有人认为本质上是逻辑和直观之争。

我们认为，如果从约定论的角度看待这一问题，承认对于每一个非零的有限小数，都存在另一种含有无穷多个 9 的写法，这就可以缓和二者的矛盾。

数学家蒂莫西·高尔斯在《数学：一个非常简短的介绍》中也认为$0.\dot{9}=1$ 是一个约定。他强调：这个约定绝不是随意取的，因为如果不采用这种数系，我们就被迫得要么发明一些新奇的东西，要么抛弃大家熟悉的算术规则。如果我们定义一个新的数系，$0.\dot{9}=1$ 未必成立。

思考和讨论

1. 数学究竟是发现的，还是发明的，看法不一，且各有例证。谈谈你的看法。（有观点认为，数学是发现的，例证有：观察与实验、归纳与类比、抽象与

概括等。而又有观点认为，数学是发明的，例证有：数学的符号、公理化体系、演绎证明法等）

2. 数学对象是不是脱离实体的独立存在?

3. 哲学中常常讨论真理的普遍性问题。那么在数学哲学中，我们可以思考类似的问题："1+1=2"是不是放之四海而皆准的真理？如果是，请阐述真理性的基础；如果不是，请简述理由，举出反例。

4. 为什么负负得正？是约定还是客观规律？谈谈你的看法。

第六章

是真的，但又不能证明——哥德尔定理

在相当长的时间内，数学特别是几何被看做是绝对真理的范例。

非欧几何的创立和被承认，使几何的绝对真理性丧失了。但数学家的信心并没有动摇。

数学家用几百年的努力实现了微积分的严格化，战胜了“第二次数学危机”；顺便建立了实数理论，消除了“第一次数学危机”。在数学家看来，危机不过是一种传说。

以数学大师希尔伯特为代表的数学家们雄心勃勃，要建立一个空前完美的数学体系。他们希望，这个体系是完全的，其中一切能严谨表述的真命题都能得到证明；这个体系又是协调的，任何能够证明的命题都是真命题，也就是说不会推出相互矛盾的命题。

希尔伯特有句名言：我们必须知道，我们终将知道。

出乎意料，哥德尔证明了这样的一条定理：“任何包含了算术的数学体系，如果是协调的，就不可能完全。”也就是说，协调的数学体系中只要承认自然数，就有不能证明的真命题。

这实在是大大打击了数学家的信心。可以想见，数学大师希尔伯特看到哥德尔定理时，会多么失落。

其实，数学能够论证自己能力的界限，正说明它的成熟。

应了那句古语，金无足赤，人无完人。数学也不是万能的！

数学在它成长的过程中，一再取得辉煌的胜利，征服了无数难题，但是也碰过不少钉子，发现了有些本来想做而又没做到的事是确实不可能做的。对这种不可能性的认识，实际上也是辉煌的胜利，而且是更深刻的胜利。

在这个意义上，数学没有失败过。

古希腊数学家，提出过用圆规直尺三等分任意角、作出面积等于已知圆的正方形、作出体积为已知立方体的 2 倍的立方体等问题。人们碰了2000多年钉子，终于证明了这些都是不可能的。这是一大胜利。

数学家早就会解一次和二次代数方程。到了 16 世纪，又发现了三次和四次代数方程的求根公式。在成功的鼓舞下，进而寻求五次和更高次方程的根式解法。经过 200 多年的努力，终于证明了这是不可能的。这又是一大胜利。

从欧几里得的《几何原本》诞生后不久，数学家就开始努力证明第五公设。2000多年的钉子没有白碰，结果是非欧几何的出现。数学家从此对“公理”的意义有了新的认识。这可以说是从反面得来的最大胜利了。

对几何基础的研究，使数学家认识到公理系统应具有的特点，那就是独立性、完全性、协调性。

独立性是指一条公理不能从另几条公理推出来。

完全性是指在这个公理系统中，任何一条命题，或者可以被证明，或者可以被否定。在欧几里得几何中，如果去掉了平行公理，就不是完全的了。因为平行公理作为一条命题，既不能被证明，也不能被否定。添上平行公理，或添上平行公理的反面命题，可以证明欧几里得几何一定是一个完全的系统。在数学中，一般说来，公理的完全性并不重要。

协调性是指从公理出发，推不出矛盾来。这当然是最重要的。如果数学结论可以自相矛盾，那数学还有什么意义呢？

协调性的证明，开始是用构造模型的方法。例如，可以在欧几里得几何之内构造一个非欧几何的模型——也就是用欧几里得几何的术语给非欧几何一个解释。如果欧几里得几何是协调的，欧几里得几何内部的模型里也不会出现矛盾，因而非欧几何也是协调的。

那么，欧几里得几何是不是协调的呢？我们可以在实数公理系统之内为欧几里得几何构造一个模型。这就是大家熟悉的解析几何提供的方法：把一对实数（x，y）叫做点，把一次方程 $ax+by+c=0$ 叫做直线……这就可以证明欧几里得几何的协调性——如果实数公理系统是协调的话。

实数公理系统的协调性，可以在有理数系统内构造模型而得到证明，即用我们在第一章1.5节里讲的戴德金分割的方法。有理数系统的协调性，只有靠在自然数系统内构造模型了，这种模型就是把分数看成一对自然数。

这样构造模型，只能证明这种类型的结论：如果一个系统是协调的，则另一个系统也是协调的。这叫相对协调性。

最后，关于自然数系统的协调性，即算术协调性，如果不考虑集合论的话，就成了全部数学协调性的最后依托了。

希尔伯特提出了雄心勃勃的计划，希望证明算术系统的完全性与协调性。他说："如果在数学这个号称可靠性和真理性的典范里，每个人所学的、教的和应用的那些最普遍的概念结构和推理方法竟会导致荒谬，如果连数学也失灵的话，那么我们应该到哪里找寻可靠性和真理呢？可是，有一种完全令人满意的方法可以避免这些悖论。"

什么方法呢？就是在第六章6.8节我们介绍的形式化公理方法。希尔伯特希望证明他构造的这个算术形式系统的协调性和完全性，即达到两点：所有算术的真理都可以得到形式上的证明，所有形式地证明了的算术命题都是真理。这样，由于数学已划归为算术，数学的真理性将建立在一个牢固的、通常的、直觉上可以承认的基础之上。

哥德尔定理的发现给这种希望以沉重的打击。

7.1 哥德尔定理

青年数学家哥德尔在 1931 年发表的一条定理，使许多数学家和哲学家都吃了一惊。

定理：包含了自然数的任一形式系统，如果它是协调的，其中必有这样的命题，它是真的，但不能被证明。

长期以来，数学家和哲学家总觉得，数学的真理总是可以证明的。哥德尔定理表明，"真"与"可证"是两回事。

从道理上想，倒也可以理解。比如哥德巴赫猜想："每一个大于 4 的偶数都可以表为两个奇素数之和"，它对每一个偶数都是可以检验的。可是偶数无穷，只好一个一个地检验下去。如果猜想是错的，我们总会在某一天认识到它是错的。如果它是真的呢？只好永远检验下去了。

于是我们希望证明它，即对所有偶自然数，发现一个共同的理由来说明它应当可以表为两个素数之和。那么，凭什么无穷多件事实该有一个共同的理由呢？很可能有无穷多种理由要分别指出，而不存在一个有限的统一证明。

是不是我们的公理系统不够完备、忽略了自然数的某些性质，因而使某些真命题证不出来呢？不是的。即使再添上 100 条公理，仍有证不出来的真命题。因为哥德尔定理肯定了：任何一个包含了自然数的形式系统，都有证不出来的真命题。添上公理之后，它仍然是包含了自然数的形式系统。

这就告诉我们，尽管自然数的性质无限丰富，但是任何一个形式系统都休想将它全都包罗进去。希尔伯特想建立一个具有完全性的形式算术系统的希望是不可能实现了。

那么，算术系统的协调性又怎么样呢？哥德尔接着又证明了一个定理：任何包含了自然数的形式系统，如果它是协调的，那么它的协调性不可能在系统之内得到证明。

这样，希尔伯特的两个目标都落了空。

7.2 说谎者悖论与理查德悖论

哥德尔定理的证明很长，需要一系列预备知识。这里可以从基本思想上弄懂如何证明“总有不可能证明的真命题”这么一个古怪的定理。

有一个古老的悖论，叫“说谎者”悖论，就是这么一句话：我在说谎。

这是不是谎话呢？是谎话，它就是真的。如果是真的，它就是谎话！

哥德尔把它修改了一下，变成“本命题是不可证明的”。

这好像在悖论的边缘活动，但是并没掉人悖论的陷阱。

如果这个命题可以证明，它就否定了自己，就表明自己是假的。因为在协调的系统中，可证明的都是真的，所以它一定不可证明。

如果这个命题的否命题可以证明，就表明它本身不可证，因为协调系统中不可能同时证明相互矛盾的两个命题。它本身不可证，又表明它是真的，所以否命题也不能被证明。

哥德尔用精致的手法把这个命题和上面的推理过程巧妙地转换成形式系统中的合理而严格的表述形式，就证明了不可证的真命题的存在。

所谓命题的“真”，有没有确切含义呢？有的。哥德尔所构造的这个命题，是涉及自然数 n 的命题。对每个具体的 n，它都可以检验并证明其真，却不能从公理出发用逻辑规则把它推出来。

哥德尔定理还可以用另一个悖论来说明，这就是理查德悖论。

理查德悖论发表于 1905 年。这个悖论从实数的文字定义出发。例如，“圆的周长与半径之比”就定义了圆周率 π，“小于 10 的最大素数”就定义了整数 7，等等。因为文字符号是有限的，每一个定义的长度也是有限的，因而可以把所有的能够用文字符号定义的实数按定义的字典排列法编号：1 号，2 号，……然后考虑这样一个实数，它的定义为：“a 是这样的实数，如果第 n 号实数的第 n 位小数是 0，a 的第 n 位小数就是 1，否则 a 的第 n 位小数为 0。”这就又用文字符号定义了一个实数，它和 1 号，2 号，……都不同。但是，我们不是已经把所有能够用文字符号定义的实数都编了号吗？这就有了矛盾。

按照下述方式，可以把理查德悖论改造成哥德尔定理。

形式系统中那些包含有自由变元 n 的命题形式，例如“n^3-1 必可被 6 整除”之类，可以按字典排列法编号：1 号命题，2 号命题，等等。然后规定：

$$a_{ij}=\begin{cases}1 & （如果第\ i\ 号命题当\ n=j\ 时真）\\ 0 & （如果第\ i\ 号命题当\ n=j\ 时假）\end{cases},$$

$$b_{ij}=\begin{cases}1 & （如果第\ i\ 号命题当\ n=j\ 时可证）\\ 0 & （如果第\ i\ 号命题当\ n=j\ 时不可证）\end{cases}。$$

现在构造一个命题形式“P（n）：$a_{nn}=0$”。于是，P（n）应当是已编过号的某一命题形式。设它是第 k 号命题形式。现在考虑命题 P（k），它的含义是“$a_{kk}=0$”，即 a_{kk} 为 1 时它假，a_{kk} 为 0 时它真。如果它可证，就应当有 $b_{kk}=1-a_{kk}$。又因为 $b_{kk}\leqslant a_{kk}$（可证一定真），故 $b_{kk}=0$ 而 $a_{kk}=1$，即有一个真的不可证的命题。

哥德尔把这些推理转换成形式系统里合理的表述，就完成了他的定理证明。

7.3 算术有多少种

在 4000 多年之久的悠长岁月中，所有的哲学家、数学家、物理学家都深信只有一种正确的几何，就是欧几里得几何。只有这种几何才真实地描述了我们在其中生活的空间。

19 世纪，非欧几何出现了。人们恍然大悟，原来几何可以不止一种。

那么算术呢？1，2，3，…自然数是如此之具体、简单、清楚、明白。算术总该只有一种吧？自然数的性质，总应该包含在它的一个接一个地产生出来的这种模式之中吧？

哥德尔定理的发现，使这种希望落了空。既然有一个命题，它的正、反两个方面都无法证明，那么就可以把这正反两个命题分别加到算术公理系统里，得到两种算术。在得到的两种算术里，仍然有正面、反面都不能证明的命题，于是又可以产生更多的算术。

许多不同的算术系统，它们有共同的部分，这部分不妨叫做绝对算术。它是通常算术中可以证明的那些结果。另外有些命题，在不同的算术中有不同的结论。公有公理，婆有婆理。

试想象一下，在某个算术系统中，哥德巴赫猜想成立，而在另一个算术系统中，哥德巴赫猜想不成立，这就比欧几里得几何与非欧几何的矛盾更难理解了。

这告诉我们，形式系统尽管很有用，是数学研究的有力工具，但是它不是万能的。它不足以帮我们认识全部的数学真理。

哥德巴赫猜想（或其他数论中的难题）是不是正确，客观上应当有唯一的回答（不过，这只是绝大多数数学家和逻辑学家的看法。直觉主义数学家不承认排中律，也就不承认唯一可能回答的存在）。然而，在不同的系统中却有不同的结论，而各自都不产生矛盾，这岂不是荒谬的事吗?

这说明，形式的证明与客观的真这两件事一般是统一的，可是也存在着对立的一面。形式证明是有限的，而自然数是无穷的。用有限的手段难以描述无穷的性质，这在哲学上也并没有什么不合理之处。

从数学的角度也可以解释形式系统的局限性。

在形式系统中，一个含有变元 n 的公式可以叫谓词，例如，“n 是素数”。当 n 取具体的自然数时，公式可以成为真命题或假命题，像“3 是素数”是真的，“6 是素数”是假的。这就把自然数分成两个部分，或者说，确定了自然数的一个子集合——使公式成为真命题的自然数之集。

公式可以编号，被公式所确定的自然数的子集也可以编号。但是，自然数的所有子集是不可数的，所以一定有大量的自然数子集不与形式系统中的公式相联系。这也就表明，任何形式系统都不足以描述出自然数的一切性质。

话又说回来了，人的推理总要采用语言与符号，总可以表述为有限长度的符号列。这表明，无论用什么方法，总有一些自然数的子集是人类无法了解甚至无法描述的。我们无法具体指出这些子集，因为一旦指出，不就描述出来了吗?

这里显示出人类认识的有限性与客观规律的无限性的矛盾。自然数从 0 或 1 开始，一个一个地增加，这个过程是极为简单的。由具体的 1，2，3 到任一自然

数 n，这个飞跃已包含着认识上的一些困难了，因为 n 可能大得无法想象。一旦假定有了“全体自然数”，这就完全超乎我们的直觉能力，只有靠思维来认识它了。

但是，对纯粹的无穷，与有穷完全割裂开的无穷，认识它又有什么用呢？只有与有穷相联系的无穷，我们才需要认识。我们认识的无穷，恰好是它可以表现为有穷性质的那一些。人类应当就此满足，大可不必为不能了解自然数的许多子集而苦恼。

7.4　数学的力量与局限

哥德尔定理让我们看到数学演绎推理方法的局限性。

但是，数学能自己论证自己的局限性，这又显示了数学方法的力量。

存在着在形式推理范围内不可证明的真命题，其实也没有什么大不了的。人类对事物规律的认识总可以不断深入。在形式系统内不可证的命题，也许可以在系统之外——在更大的系统之内来证。

比方说，我们如果能知道哥德巴赫猜想（每个大于 4 的偶数都可以表为两个奇素数之和）在现在的算术系统里是不能证明也不能反证的话，就可以断定它一定成立。因为如果它不成立，必然可以被反证。这种推理方式已超出了形式系统的规则。当然，现在我们并不知道它能不能被反证。

我们也许还可以不断扩大算术形式系统，使系统能一次又一次更全面地反映自然数的性质。尽管形式系统永远也不可能给自然数系以完全的描述，但是人类的认识总能一次比一次更深入。

哥德尔定理表明，即使在数学这样最精确、最严密的科学中，也存在这样的事物：人对它的认识，永远也不可能达到绝对真理的地步。绝对真理是无数相对真理的总和，人只能在认识相对真理的过程中逼近绝对真理。

哥德尔定理还告诉我们，数学的协调性不能在算术的形式系统之内得到证明，不过并没有否定这种可能：在形式系统之外证明算术的协调性。

确实，另外一些数学家，如甘岑（1936 年）、阿克曼（1940 年）、诺维科夫

(1943年)、洛仑岑（1951年）、许特（1951年）、史坦尼斯（1952年）、竹内外史（1953年）、卡洛多夫斯基（1959年），还有哥德尔本人，都作出过算术协调性的证明。当然，由于有哥德尔定理，这些证明都不可避免地要用到形式算术系统之外的一些假定。也就是说，在比算术系统更大的系统之内来证明算术的协调性。更大的系统是不是协调的呢？还要在更更大的系统中来证。总之，不能在系统自己内部来证。

我们看到了一个有趣的现象：包括微积分、几何在内的整个数学的协调性，是逐步划归到越来越小的系统的协调性的；到了算术系统，小得不能再小了，再想证明协调性，就反而要把系统扩大了。这真是“物极必反”！

对数学基础的研究正是这样，正当人们觉得已把问题弄得越来越简单、越明白，到了最后关头之际，忽然发现一切变得复杂起来了。

当人们以为自己手里这一次到底捉到了“终极的真理”时，它像泥鳅一样一滑便从指缝中溜走了。

恩格斯有一次谈道，人看不见紫外线，但是人知道蚂蚁能看得见人看不见的紫外线，这显示了人的智慧。

类似地，尽管数学不能在自己内部圆满地证明自己的协调性，但是数学自己能证明这种不能证明性①。这表明了数学已发展到空前成熟而深刻的阶段，像一个成熟得能对自己作出恰如其分评价的成年人——他已经不再是不知天高地厚的毛头小伙子了。

尽管如此，数学依然信心十足。它即使不能证明自己的协调性，也依然为各门科学所信任。数学的力量与真理性最终在它广泛而有效的应用中得到证明。它自己不能证明自己，看来是合理的。实践才是检验真理的唯一标准。

---

① 如果我们知道一些东西的同时，又承认不知道自己所不知道的东西，那我们的所知就有了双倍的价值和分量。因为这样一来，我们所知道的东西就不会招致别人的怀疑。

——叔本华

阅读材料

7.5 数学的局限与加密

人尽其才，物尽其用。

当数学在某些研究点上暂时还没有搞清楚、还存在很大研究空间的时候，是不是不能拿来使用啊？其实不然，有时偏偏就要利用对问题研究的局限性，变废为宝，为我所用。

现代社会是信息化时代，信息安全很重要。如何有效加密成为科学家需要研究的问题。其中 RSA 加密算法被广泛使用。

RSA 加密算法是一种非对称加密算法。发信息的人将信息转成密码，但他不能将一条已译成密码的信息转成明码。这需要第二套密码，这个密码只有接收方才有。这确保密码即使被人中途截获，也无法破译。

RSA 算法的可靠性是基于对极大整数作因式分解的难度。两个大的素数（超过百位）相乘得到一个合数，这很容易计算出来。但如果把这个计算得到的合数让另外的人进行分解，这是极度困难的事情。而解码时需要知道最初的两个素数。也就是说，对大整数作因式分解越困难，RSA 算法越可靠。假如有人找到一种快速因式分解的算法的话，那么用 RSA 加密的信息的可靠性就肯定会极度下降。但找到这样的算法的可能性是非常小的。今天只有短的 RSA 钥匙才可能被强力方式破解。到目前为止，世界上还没有任何可靠的攻击 RSA 算法的方式（至少还没公开发布）。

这就说明，将数学在分解大整数时的局限性利用得当，也能发挥重要作用。

最新进展：随着分布式计算技术和量子计算机理论日趋成熟，RSA 加密安全性受到了挑战。2009 年 12 月 12 日，编号为 RSA-768 的整数被成功分解。这一事件威胁了现在通行的 1024-bit 密钥的安全性，普遍认为用户应尽快升级到 2048-bit 或以上。RSA-768 表示如下：

1230186684530117755130494958384962720772853569595334792197322452151

726400507263657518745202199786469389956474942774063845925192557326303453731548268507917026122142913461670429214311602221240479274737794080665351419597459856902143413＝

33478071698956898786044169848212690817704794983713768568912431388982883793878002287614711652531743087737814467999489×36746043666799590428244633799627952632279158164343087642676032283815739666511279233373417143396810270092798736308917。

这说明随着科学的发展（数学在其中发挥了极其重要的作用），原来认识的局限将被逐步打破，这体现了数学的力量。不过，我们也不必担心密码问题，科学家们自然会想出好办法的。

7.6　数学的局限与博弈

很多人希望能有一把解决问题的万能钥匙。就好比下棋，古往今来多少棋手苦苦钻研，寻找必胜之法，但是，从来没有棋手能够保持不败，顶多胜率较高而已。于是有人怀疑：棋类游戏千变万化，是否真的存在永远不败的走法。

博弈论的研究表明：任何棋类的二人游戏，必定存在一方有必不败之法①。

存在而已，找出来是一件极其困难的事情。

棋类游戏，棋子有限，每一个棋子在当前局面的走法有限，从开始到结束的步数有限。从数学上来说，是有可能将所有走法列出来的，只要给计算机足够多的时间，理论上它是不会输的。

但其中涉及的计算量实在太大了，目前的计算机很难把所有的变化列出来。就算能够列出来，恐怕也没有哪位棋手记得住。

对于人来说，不同的棋类带来的快乐是不相同的；而用数学的眼光来看，这只不过是复杂度不同而已。

---

① 是先手胜、后手胜还是和局，这要根据具体的棋类来定。通常认为是先手胜的情况比较多。

这给我们启示，复杂度对于人类的意义在于：人们不是要战胜复杂度，而是力求驾驭复杂、利用复杂。

其实，下棋的乐趣就在于其变化莫测，就好比数学家面对一个含有多个变量的难题，每次探究都有新意。

世事如棋局局新。我们要感谢数学的局限性。

下面列出的是人机对弈的三件大事。

1997年，IBM的“深蓝”战胜了世界象棋冠军，轰动一时，反响强烈。

2006年，超级计算机“浪潮天梭”与中国国内等级分排名第一、有“象棋第一人”之称的特级大师许银川巅峰对决，最终以和棋告终。

2007年，加拿大研究人员用18年时间，终于算出西洋跳棋5万亿亿（等于10的20次方乘以5）种走法，制造出一台在跳棋上可被称为“独孤求败”的计算机。该计算机下跳棋不会输，就算它的对手不犯错误，双方也只可能和棋。这一新成果在人工智能研究方面是一个突破。

思考和讨论

1. 我们希望一些命题是真的，但未必能够得到证明。同样，我们希望能找到某些问题的最优解，数学证明却给我们当头棒喝，最优解不存在。请阅读下面材料，谈谈你的看法。

18世纪，法国思想家孔多赛就提出了著名的“投票悖论”。假设甲、乙、丙三人，面对a，b，c三个备选方案，有如下偏好排序：甲（$a>b>c$），乙（$b>c>a$），丙（$c>a>b$）。

其中，甲（$a>b>c$）表示甲偏好a胜于b，又偏好b胜于c。

若取a，b对决，按照偏好次序排列如下：甲（$a>b$），乙（$b>a$），丙（$a>b$），按照少数服从多数原则，集体次序偏好为（$a>b$）。

若取b，c对决，按照偏好次序排列如下：甲（$b>c$），乙（$b>c$），丙（$c>b$），按照少数服从多数原则，集体次序偏好为（$b>c$）。

若取a，c对决，按照偏好次序排列如下：甲（$a>c$），乙（$c>a$），丙（$c>

a)，按照少数服从多数原则，集体次序偏好为（$c>a$）。

得到的三个集体偏好次序：（$a>b$），（$b>c$），（$c>a$）存在内部矛盾。那么甲、乙、丙三人集体表决之后，还是不能形成一致意见。

1952 年，美国著名数理经济学家阿罗证明了一个令人吃惊的定理——阿罗不可能定理。这意味着，在通常情况下，当社会所有成员的偏好为已知时，不可能通过一定的方法从个人偏好次序得出社会偏好次序，不可能通过一定的程序准确地表达社会全体成员的个人偏好或者达到合意的公共决策。简单地说，就是少数服从多数不一定带来民主。

阿罗 1972 年获诺贝尔经济学奖，其主要成果就是阿罗不可能定理。

2. 谈谈你对哥德尔不完全定理的理解和看法。

第八章

数学与结构
——布尔巴基学派的观点

进入20世纪以来，数学得到空前发展。数学分支的迅速增多，不禁让人问：数学究竟是一门科学，还是一类科学？

两个数学研究者，无法看懂对方的研究成果。可是，他们都承认对方和自己研究的都属于数学。

是因为他们都用到了算术吗？或者是都用到了逻辑？显然不是，物理学家也要用到算术和逻辑。

寻求不同数学分支中的共同特点，是数学哲学的基本问题之一。这是数学的本体论的重要任务，是回答“数学是什么”这个问题的必要前提。

当代英国数学家阿蒂亚在《数学的统一性》一书中说：数学的目的，就是用简单而基本的词汇去尽可能多地解释世界。数学本身就是一种文化，如果我们积累起来的经验要一代一代传下去的话，我们就必须不断努力把它们加以简化和统一。抛弃传统，就会断绝未来。继往开来，才能发扬光大。

本章将介绍布尔巴基学派为说明数学的统一性所作的努力。

对比一下数学史与哲学史，会发现有一点明显的不同。

数学家在前人工作的基础上工作，他们总是用自己的新建筑使前人的工作显得更加完满、更加巩固。数学家总是在承认别人工作的基础上，添上自己的一页①。

哲学家也在前人工作的基础上工作，但是他们总是要摧毁前人的建筑，用自己的工作证明别人是错的。哲学家总是在批判别人观点的同时，写出自己的一页②。

哲学在反复地破旧立新中生长。

数学在不断地建设中发展。

其结果，使数学成为像今天这样的由无数枝繁叶茂的大树构成的森林。它拥有几十个大的分科：代数、数论、几何、拓扑、函数论、微分方程、泛函分析、计算方法、概率论、数理逻辑、运筹学、图论、模糊数学……这些分科又分为多达数百的分支。数学每年产生的论文数以万计，经常提出新概念、新定理，形成新分支。这一切使人眼花缭乱。即使是数学家，当他读到不同分支的论文时，也会有到了异国他乡之感。

哲学由于互相批判而呈现多种多样。

数学的各个部分相互支持和联系而成为整体。

但数学的发展实在是太迅速，以至显出五光十色、气象万千。使人不由地要问，如何理解数学的统一性？数学究竟是一门科学，还是一类科学？

历史上，哲学家与数学家很早就试图把数学统一起来，那时数学要比今天简单得多。在毕达哥拉斯时代，只有算术和几何。

毕达哥拉斯做了第一次尝试，试图把数学统一于自然数。这次尝试由于无理数的发现而以失败告终。

以后相当长的时间内，人们寄希望于几何，希望把数学统一于欧几里得几

---

① 这是就数学发展的大趋势而言。在局部上，则会修正前辈的工作成果使之完善。

② 这是就哲学发展的大趋势而言。在局部过程，相当多的人也是继承发展前辈的学说，从而形成学派。

何。最后发现，连几何也是不统一的，人们的希望又破灭了。

莱布尼茨、弗雷格和罗素，都希望把数学统一于逻辑，使庞大的、复杂的、内容丰富的数学归结为非常通俗的、直观的、易于洞察的逻辑，结果导出了极不通俗、极为复杂而令人难以理解的层次理论与可化归公理。

直觉主义派的布劳威尔和形式主义派的希尔伯特，又希望数学统一于算术。结果，连算术也不是统一的——这是哥德尔定理的推论。

在这些试图把数学统一起来的努力都失败之后，数学反倒变得更加生气勃勃，更加丰富多彩，更加多样化了。数学不断地用新成果使自己壮大，不断地修改着、改组着自己的理论而生出新的分支，以至使人产生一种感觉：数学不是具有统一对象和统一方法的科学，而是一系列建立在局部的、相互之间有千丝万缕联系的精确确定的概念之上的学科。

法国的布尔巴基学派，提出了与此相反的观点。他们认为，别看外部现象是多么光怪陆离、五光十色，其实，数学由于内部的进化，比任何时候都巩固了它的各部分的统一，并且建立起比任何时候都更加有联系的整体，形成了数学所特有的中央的核心。

他们认为，数学的各种理论之间的关系是可以系统化的，可以用“公理方法”作统一的总结。

布尔巴基不是一个人，它是一个数学家群体的笔名。在40多年间，布尔巴基的成员在不断地变化着，然而努力的方向始终一致。他们计划完成一部百科全书式的数学巨著《数学原理》，对全部现代数学作彻底的探讨与从头的证明。这部巨著已出版了数十卷，它对当代国际数学界产生了很大的影响，成为现代数学的基本教程。

8.1 在逻辑长链的背后

数学的表面特征是一连串的推理。

每种数学理论都由一串串推理的长链构成，可以说，演绎推理是数学的特点。

能不能说演绎推理就是数学的统一基础呢?

这样说不能说是错的，但是太肤浅。演绎推理是一种方法，一种把思想和思想联结起来的工具。数学家可以用，别的科学家也可以用。就像实验的方法，生物学家可以用，物理学家也可以用。我们能把生物学与物理学统一为一门学科吗?

同理，不能仅仅因为各个数学分支都使用演绎推理的方法，就宣称数学是统一的，应当看到数学推理的长链背后还有更本质的东西。这种更本质的东西，真正反映了数学的什么特点呢?布尔巴基学派称之为“结构”。

在历史上，数学的一大成就是对数的发现。用对数可以把乘除化为加减，把繁难的乘方和几乎不可能进行的开方化为乘除。这一下子把天文学家从大量计算的沉重劳动中解放出来。

对数理论，表面上是一串三段论式的推理，其实不然，那么数学家又是靠什么本领找到这些推理环节，并把它巧妙地拼接起来的呢?这里面必然有一个通贯全局的想法。什么想法呢?

这就是:加法与乘法表面上是极不相同的运算，但在结构上却有相似之处。从 1 出发，不断加 1，得到序列

$$1, 2, 3, 4, 5, 6, 7, \cdots$$

从 2 出发，不断乘 2，也得到序列

$$2, 2^2, 2^3, 2^4, \cdots$$

两个序列在运算关系上也相似，前一序列中有 $1+3=4$，后一序列中就有 $2\cdot2^3=2^4$，即 $2\times8=16$。认识到这一点，我们就可以不必直接计算 2×8，而去计算 $1+3$，得到 4，然后就知道 $2^4=16$ 就是 2×8 的答案了。

尽管同一结构可以在不同的事物中出现，但是有的事物容易把握，有的事物很难把握，这样，我们可以通过容易把握的事物来认识难以把握的事物。

人类在经验中早已熟知这种方法。一天一天的日子如流水般逝去，是难以把握的。用刀在树上刻上道道，一天一道，就可以记日子了。道道与日子之间有某

种共同结构。

实际的地理状况非常复杂，难以掌握，因此人类很早就学会了使用地图，因为地图与实际的地理状况之间有相似的结构，易于综观全局，易于把握。

有一个“拿 15 点”的游戏，从这个游戏中可以看出“结构”是多么有用的概念。

桌子上有 9 张扑克牌，从 1 点到 9 点。甲乙二人轮流来取，哪个人先取到 3 张牌，使 3 张牌的点数加起来是 15，他便胜了。

比如甲取 5，乙取 7；甲取 6，乙必须取 4，否则甲再取到 4 便胜了。甲又取 1，下一次准备取 9 或 8，因为甲手中已有 5，6，1，而 5+1+9=15，6+1+8=15。乙既不能阻止甲的两个计划中有一个实现，又无法使手中的 7 点、4 点凑成 15 点，只好认输。

如果甲取 5 之后乙取 9 呢？甲可以再取 2，乙必须取 8。下一步甲取 7，然后准备取 3 或 6 以求胜。乙还是失败。

不过，乙确有不输的策略。可是要把各种可能性一一列举出来，是相当麻烦的事，难以一目了然。

现在转而看另一种游戏，叫做九宫棋。在图8.1-1（b）的正方形上，画出九宫格。甲乙两人轮流向格内下子，一人用黑子，一人用白子，谁能够先把三子走成一直线，谁就胜了。

8	1	6
3	5	7
4	9	2

（a）

	❸	⑥
⑧	❶	❼
❺	④	②

（b）

	❺	❸
	❶	②
④		

（c）

图8.1-1

这种棋的规律是很容易发现的。棋盘上三子成一线的可能性有 8 个，即共有 8 条线。假设先下的人执黑子，最有利的策略当然是占中，如黑子占图8.1-1（b）的 1 处，因为中宫在 4 条线上。而白子只有两种应战之策——边上或角上。

边上是两条线的交点，角上是三条线的交点，当然占角有利。事实上，占边必败，如白占图8.1-1（c）的2处，则黑占3，白必占4，黑再占5，白即无可奈何。白子占角之后，如图8.1-1（b）占2，无论黑方如何下，白方皆可应对成和棋。

九宫棋和拿15点又有什么关系呢？在图8.1-1（a）所示的九宫格内填上数，使凡在一条线上的三个数加起来都等于15，反过来，和为15的三个数一定在一条直线上。从桌子上拿一张牌，就相当于在九宫格上投一子。拿5点，就是占中，拿2，4，6，8就是占角。这样对比一下，便可以发现两个形式完全不同的游戏却有相同的结构。掌握了一种，另一种也掌握了。从九宫棋的规律可以推知拿15点的方法。如果甲拿5点，只要乙拿2，4，6，8，即可立于不败之地。

上面两个例子（加法与乘法有相似的结构，拿15点与九宫棋有相似的结构）提示我们，把结构相似的对象作为一类做研究，有事半功倍之效。

作为一类又如何研究呢？那就要把结构的特点抽象出来，分解开来，作为单独研究的对象。下面我们看一看一种最古老的，也是最简单的结构。

8.2 形形色色的加法

人们谈起一件毫无疑问的事，常常说“像1加1等于2那么确定，那么真实”。实际上，即使在数学里，1+1=2也是有条件的，不是绝对的，要看是哪种加法，还要看1的含义是什么。

（1）在实数系里、有理数系里、整系数里，1+1=2是确定无疑的。

（2）电灯的拉线开关，拉一下，灯亮了，又拉一下，灯又灭了，拉两下等于不拉。这叫做1+1=0。

（3）操场上的口令：立正，向右转，向后转，向左转之间也可以相加。连续执行两个口令就叫做把两个口令加起来。例如：

向右转+向左转=立正，

向左转+向后转=向右转。

分别用 0，1，2，3 代表立正、向右转、向后转和向左转，就有了一个加法表（图8.2-1）。这种加法，叫做“模 4 同余类”的加法。尽管与日常的加法不同，但 1+1=2 还是对的。

（4）看一看图8.2-2 的加法表。从图上可以看出：

1+1=1，1+2=2，2+5=3，6+6=1，3+4=5，5+5=4。

这是一种奇怪的加法。它的做法是：把“+”当成乘法来做，所得的积再除以 7，余数就叫做和。例如，3+4=5 的意思是 3 乘 4 除以 7 余 5，而 5+5=4 是指 5 乘 5 除以 7 余 4。这时，1+1=2 就不成立了。

+	0	1	2	3
0	0	1	2	3
1	1	2	3	0
2	2	3	0	1
3	3	0	1	2

图8.2-1

+	1	2	3	4	5	6
1	1	2	3	4	5	6
2	2	4	6	1	3	5
3	3	6	2	5	1	4
4	4	1	5	2	6	3
5	5	3	1	6	4	2
6	6	5	4	3	2	1

图8.2-2

（5）向东走 1 千米，再向南走 1 千米，结果离出发点并不是 2 千米，而是大约 1.414 千米。这叫位移的合成，它是一种向量的加法。这种加法在力学中广泛应用，如力的合成、速度的合成、加速度的合成，它是按平行四边形法则进行的（图8.2-3）。

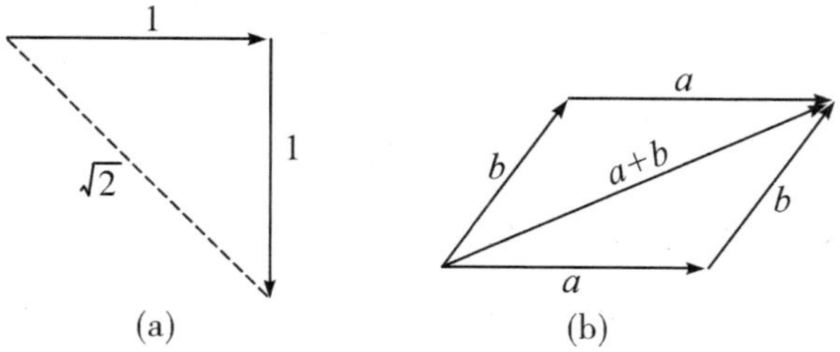

图8.2-3

以上五个表面上极不相同的系统，却具有下列共同的特征。

（1）每个系统都与一个基本集合有关。这些基本集合分别是：①实数集或有理数集或整数集；②两个动作“拉一下”和“不拉”的集合；③4 个口令的集合；④6 个数之集 {1，2，3，4，5，6}；⑤平面上的向量集合，每个向量可以用一对实数（x，y）表示。

（2）给定集合中的两个元素，可以唯一地确定出集合中的某元素，这叫做在集合上规定了一种运算，被确定出的那个元素叫做运算的结果。用符号表示，就是给定两元素 a，b，可以确定一个 $c=a+b$。这里，“+”可以用别的符号代替，如可以认为 $c=a*b$，$c=a\tau b$，$c=a\times b$。不过，一经确定就不要乱变了。我们这里都用“+”号，这个“+”和算术里的加法不一定是一回事。

（3）运算满足结合律和交换律：$(a+b)+c=a+(b+c)$，$a+b=b+a$。

（4）有这么个元素 θ，θ 与任何元素运算的结果仍是那个元素：在①中，θ 是 0；在②中，θ 是“不拉线”这个动作；在③中，θ 是“立正”；在④中，θ 是“1”；在⑤中，θ 是 0 位移，即 0 向量（0，0）。它们都满足 $\theta+x=x+\theta=x$。

（5）对集合中的每个元素 x，一定有另一个元素工 x^*，使 $x+x^*=x^*+x=\theta$。

找到了五个系统的这些共同点之后，就可以把这些共同点抽象出来加以分析，分析的结果，就得到了“可交换群”（或“加法群”，或“阿贝尔群”）。这是个十分有用的概念。

定义 若在集合 G 上，有一个二元运算“+”，使对任意 $a\in G$，$b\in G$，必有唯一的 $c\in G$（c 记作 $a+b$），满足

G_1 结合律 $(a+b)+c=a+(b+c)$。

G_2 交换律 $a+b=b+a$。

G_3 有零元素 θ，对任一 $x\in G$，满足 $\theta+x=x$。

G_4 有负元素，即对任一 $x\in G$，有 x^* 使 $x+x^*=\theta$。

则称 $\{G，+\}$ 是一个**可交换群**。

这里，G_1，G_2，G_3，G_4 叫做可交换群的公理。这些公理是互相独立的，哪

一个也不能从另外几个推出来。

这样形成群的概念，有什么好处呢？好处在于抓住了不同系统的共同本质，对于进一步研究各个系统有事半功倍甚至以一当十之效。比如，我们可以从可交换群的公理推出另一些性质。例如：

性质 1 在 G 中只有一个零元素。

证明 如果有两个零元素 θ_1 和 θ_2，因为 θ_1 是零元素，应当有

$$\theta_1+\theta_2=\theta_2,$$

又因 θ_2 也是零元素，所以又有

$$\theta_1+\theta_2=\theta_1,$$

因此 $\theta_2=\theta_1+\theta_2=\theta_1$。 □

我们马上知道，在上面的五个系统中，每个系统只有一个零元素，用不着分别做五次证明了。

性质 2 在 G 中，如果 $a+b=a+c$，则 $b=c$。

证明 在等式两边都加上 a 的负元素 a^*，则

$$(a^*+a)+b=(a^*+a)+c。$$

因为 $a^*+a=\theta$，所以 $b=c$。 □

于是马上又知道，在以上的五个系统中，这条性质都成立。

运算实际上是一种关系。$2+3=5$ 就表明这三个数之间有一定的关系。在集合的元素之间建立了具有一定性质的关系，就叫做集合上有了结构。结构的性质，如上面的 G_1，G_2，G_3，G_4，叫做公理。

这么一来，公理一点不含有“自明之理”的意思了，它是对所研究的结构的规定性。这种规定性是通过总结大量经验，从许多系统的共同点中抽象出来的。

布尔巴基学派认为：以前数学家为了解决一个具体的数学问题，必须根据具体问题的特性，为自己锻造适合于该问题的工具，而这种工具锤炼得好坏，依赖于数学家个人的天才。而如今有了公理方法，有了结构工具，一旦他在所研究的元素之间认识到某个已知类型公理的关系时，他就可以自由、直接地支配属于这类结构的整个定理库。也就是说，以前是一个方法解决一个问题，而现在是一个

方法解决一类问题，属于批量产出。公理方法把数学工具标准化，实现思维经济。当然，这只不过是一种比喻而已，数学家不能像机器那样工作，也不像传动带旁的工人那样工作。

8.3 基本的结构

数学研究的对象，慢慢地显露出了它的轮廓。它研究结构——从不同的系统中抽象出来的共同结构。

首先是集合。集合好像是一片空地、一张白纸、一群没有分派角色的演员。

一旦在集合的元素之间引进一些关系，集合的元素就有了自己的个性，根据关系的性质，集合上开始出现结构。

结构不是人主观上随意指派的，也不是在理念世界永恒存在的，它是总结大量感性经验上升为概念的结果。

布尔巴基学派认为，数学研究的基本结构（即母结构）有三种。

一种叫做代数结构。集合上有了运算，能够从两个元素生出第三个来，就叫做有了代数结构。前面我们刚刚谈过的群，就是一种基本的代数结构。

一种叫序结构。集合中某些元素之间有先后顺序关系，就叫做有了序结构。序结构也是应用极广的一种结构。数的大小关系、生物的亲子关系、类的包含关系，都是序关系。

还有一种叫拓扑结构。它用来描述连续性、分离性、附近、边界这些空间性质。

我们看到，这几种结构恰好都是现实世界的关系与形式在我们头脑中的反映。

代数结构——运算——来自数量关系。

序结构——先后——来自时间观念。

拓扑结构——连续性——来自空间经验。

然而这些东西一旦被抽象成数学概念，成为脱离具体内容的“结构”，它就可以被用到任何有类似性质的系统之中，而不一定与时、空、数有关了。

一个系统可以具有几种结构。如实数系，它有加减与乘除，这是两种互相联系的代数结构，它有大小之分，这是序结构，它的连续性体现了拓扑结构。基本结构可以加上一些公理派生出子结构，两种以上的结构可以加上联结条件产生复合结构。对于实数，如果 $a>b$，则 $a+c>b+c$，这就表明代数结构与序结构联系起来了。通过结构的变化、复合、交叉，形成形形色色的数学分支，表现为气象万千的数学世界。

当数学家遇到新的研究对象之后，他自然而然地会想，所遇的事物能不能放到某个已知的结构之中？如果可以，便马上动用这个结构的全部已知性质作为克敌制胜的武器。

历史上有过这样的例子：数学家长期不能理解复数，把它叫做虚数。后来发现，复数可以用平面上的点表示，这个发现相当于把复数的代数结构与平面的拓扑结构挂上了钩。复数的研究立刻有了实际意义，找到了应用，获得了飞速发展。这表明，把新的陌生的对象纳入已知的结构之中是多么重要。

布尔巴基学派也承认，把数学看成研究各种结构——这些结构以几种母结构为骨架不断地生长、发展——的科学，仍然是对数学现状的粗略的近似。

可以将数学看成是一个不断发展着的大城市，城市的建筑被街道分隔，又由街道联系起来。街道形成结构，建筑在结构的规范中生长。可是却有很多有特色的建筑，它们的特点无法由街道的结构来解释。这就是结构观点的概括性。它无法关心的某些与结构关系不大的局部状况，有时也有重要的意义。例如，数论中的大量孤立的问题（如哥德巴赫猜想），就很难与已知结构很好地联系起来。

布尔巴基学派也主张，结构不应当是静止的，数学的发展可能会发现新的重要基本结构。因为数学是一门生命力旺盛的科学，对它不能“盖棺论定”，不会有终极的真理。

总的看来，布尔巴基学派把数学看成以结构为对象的科学，这种观点是与辩证唯物论一致的。因为：

（1）它否定了数学知识的先验观点，主张结构来源于人们实践的经验，正确地描述了数学中结构概念的抽象形成过程。

（2）它用整体的观点看数学，着眼于数学各部门的内在联系，说明了是什么使数学统一起来并使它有多样性。

（3）它用变化发展的观点看数学，主张结构不是一成不变的。

（4）它主张数学的真理性最终要用科学的实践来检验，用科学上的成功经验支持结构观点。

结构观点的产生，不是偶然的。布尔巴基学派自己指出：这是半个多世纪以来（即从19世纪末期到20世纪中期）数学进步的结果。其实也可以说是2000多年数学进步的结果。公理方法从欧几里得开始，到非欧几何产生之后，数学家开始有了现代的公理化观点。这种方法经过第三次数学危机的考验，特别是由于形式主义学派希尔伯特的大力提倡，在数学实践中已生根开花，终于更上一层楼，形成了“结构”的观念。

一开始，人们追求公理的完备性或完全性。也就是说，在公理系统中，任何一个命题的成立与否，只能有唯一的解答。这样，具有完全性的公理系统，实质上只能描述一种对象。例如，欧几里得的几何公理所描述的对象形式上尽管可以多种多样，但是本质上只有一种，这就使公理系统应用的广泛性受到限制。去掉平行公理，几何公理系统失去了完备性，可是它的适用范围更广了。在去掉了平行公理的几何体系中，证明了的定理，在欧氏几何和罗氏几何中都成立。如果再去掉一些公理，用剩下的公理推证出来的定理，在欧氏、罗氏和黎氏几何中都成立，叫做“绝对几何”的定理。

数学家们发现，公理系统的不完全性不是坏事，而是好事。不完全，可以容纳更丰富的对象。公理是对所研究对象的限制。限制越多，研究面越窄；限制适当减少，研究成果的适用范围就更丰富了①。

在这种认识的启迪下，数学家们研究了许多不完全的公理系统，如群、环、域、线性空间、概率论、测度论，等等。数学实践证明，对不完全公理系统的研究有强大的生命力，它促使人们对公理系统进行分解，分解成一些更基本、更不完全的公理系统，终于促成了结构观点的出现。

8.4 分析与综合的艺术

从最早的哲学家开始，便提出了把复杂的事物分解为较简单的因素的组合这种认识世界的基本方法。

一开始，这种思想是朴素的，带猜测性的。

中国古代的五行学说，认为万物由金、木、水、火、土组成。

古希腊哲学中有万物皆由水、火、气、土组成的观点，有万物皆数的观点，有万物皆由原子构成的观点。

到了亚里士多德，开始对科学作系统分类，把逻辑规则化解为一些基本法则——三段论，提出事物产生的四因说，把动物分为种、属，等等，由猜测的分析进展到具体的分析。

到了中世纪后期，唯物主义的勇士布鲁诺认为物质可以分为最小的单位——单子。

17 世纪英国出现的唯物主义经验论哲学学派的开创者为培根，集其大成加以系统化者为洛克。培根提出对经验进行分类归纳。到了洛克，进一步提出把观念分为简单观念与复杂观念，认为复杂观念由简单观念组成，物体性质分为第一性质与第二性质，等等。

---

① 联系中国古代哲学，就会对这一点有更深的体会。譬如《易经》《道德经》等著作，篇幅不大，但研究几千年了还觉得可研究之处颇多。《道德经》开篇："道可道，非常道；名可名，非常名。无，名天地之始；有，名万物之母。故常无，欲以观其妙；常有，欲以观其徼。此两者同出而异名，同谓之玄。玄之又玄，众妙之门。"什么是道，非常模糊的概念，限制很少，近似于无，所以才能无所不包。对道的任何解释，都只是个人的感受。

17 世纪的法国数学家笛卡儿是近代唯理论哲学的奠基人。他极其明确地提出了取得知识的原则，主张把难题尽可能地分成细小的部分，直到可以圆满解决，以便从最简单、最容易的认识对象开始，上升到对复杂对象的认识。他同时主张，世界由三种基本要素组成。

比笛卡儿略晚一些的数学家、哲学家莱布尼茨认为世界由“单子”组成，然而他的“单子”与布鲁诺的不同，是“上帝”发射出来的，本质上是精神的单子。

18 世纪的英国唯心主义经验论者，如贝克莱、休谟，主张存在即被知觉，把事物分解为感觉的组合。

康德把人能够取得物理学知识的先天思维能力称为“知性”，把知性分为 4 组 12 种。

辩证法主张分析，认为分析就是分析事物的矛盾。

西方哲学大师罗素，被誉为开一代分析哲学之新风，他认为建立真理体系的方法是分析。

总之，人类在认识事物的过程中，总是想到“分”，把事物分解之后，再合。

科学的进步，也体现出不断地“分”：物理学的尖端研究，是对基本粒子的认识；化学，把物质分成纯物质，把纯物质又分解成元素；生物学，把动植物从总体上分为门、纲、目、科，把个体分为器官、功能系统，分出细胞后，又对细胞进行分解；数学在发展中，也在一次一次地分。

毕达哥拉斯的“万物皆数”，把数等同于物，反映出他还没有能力把数与物分开①。

更早一些，有些部族在语言里没有单独的数，数总是和东西连在一起：3 只鸡，3 个人，3 棵树，却没有“3”。

把数单独分出来，是一个飞跃。

---

① 有一个很常见的题目：1000 克棉花和 1000 克铁，哪个更重？题目很简单，但实践表明，这道题不但会难倒一些小孩，甚至成年人有时也绕不过弯来。

在相当长时间内，无理数总是和几何量连在一起，分不出来。实数理论的建立，把数与形终于分解开了。

欧几里得几何公理系统中的第五公设，经过2000多年的研究，终于被分出来了。这一分就是非欧几何的出现，这使几何学空前丰富起来。

在第三次数学危机中，逻辑主义也好，直觉主义也好，形式主义也好，它们的基本想法，都是把数学看成不可再分的东西，希望一劳永逸地对数学作出先验的处理。

这时，由于数与形的分离成功，使数学归结为“数的科学”，却没有对数进一步地分解。

结构观点，实质上是对数作了成功的分解。

数可以作运算，从这一点着眼，分出了代数结构。一旦代数结构与数分离，它就成了更高一级的抽象物。运算就可以施于其他对象：逻辑命题、几何变换、文字语言。

数可以比较大小，从这里分出了序结构。序结构一旦与数脱离，就获得了更丰富的内容。类的包容关系，生物的亲子关系，逻辑的蕴含关系，都可以放在序结构这一抽象概念之下讨论了。

实数系是连续的，整数系是离散的，因而数具有拓扑结构。数的拓扑结构是从形那里继承来的，因为形已被归结为数。拓扑结构一旦与数和形脱离，就可以用于更广泛的系统。我们可以讨论物理系统相空间的拓扑结构、有限个对象之间的关系网络的拓扑结构，等等。

结构与数的分离，意味着数学研究对象提升到了一个更高的抽象层次。

恩格斯时代，数学研究对象还限于空间形式与数量关系。现在，数学完成了进一步的抽象，使形式脱离空间，使关系脱离数量，把纯形式与纯关系作为研究对象了。

可是，形式与关系的区别，本源于空间与数量的不同，一旦抽象出纯形式与纯关系，形式与关系之间的区分就不再是必要的了。纯关系，无非是关系的形式；纯形式，也只能表现为形式之间的关系。两者已是一回事，于是称之为结构。

当数学研究数量关系时，哲学家特别是怀疑主义的哲学家可以提出问题：你们所研究的关系是不是真理？它是不是真的不折不扣的数量关系？

当数学家研究空间形式时，哲学家特别是怀疑主义的哲学家可以提出问题：你们所研究的形式，是不是我们这个真实空间的性质？

现在，数学家研究的是结构，怀疑论者又如何责难呢？数学家准备了一套一套的结构，只要哪种对象符合某一套结构的条件，关于这个结构的结果便可以用上去。这里，问题只在于选择适当的结构，而不在于数学结论是不是真理。由于结构已是纯粹的抽象物，关于结构的性质只接受逻辑的检验，因而成为可信的真理①。

当一个顾客到裁缝那里订做服装时，顾客可以指责尺寸错了，颜色错了，布料错了，等等。一旦服装设计不针对具体的人，就没有对错问题，只有选择问题。这里有各式各样的服装，请您试穿。您不合适的那种服装，说不定是另一位顾客最喜爱的呢②！

但是，如果裁缝以此为理由而随心所欲，不调查体型，不研究心理，不顺应潮流而乱做一气，那也只有关门大吉。

数学家把结构作为研究对象，好比是不再单为固定的顾客加工服装了，他面

---

① 康托曾以整数的性质谈起对数学的哲学认识。康托认为可以从两个角度去看数学：一是内在真实性，即指在思想中明确定义，从而与思维的其他成分明确地区分的真实性。另一种是外部真实性，即指在物理世界的对象中的具体体现。譬如整数的内在真实性是十分明显的，而其外部真实性则体现在物理现象世界的过程中。

康托认为双重性的必然联系可归于宇宙自身的统一性。我们可以单纯地研究数学的内在真实性，而不必去论证它们的外在真实性。数学获得了这样的独立性，这就是数学区别于其他学科的地方。基于此，康托总结道：数学的本质在于它的自由。

② 丹齐克在《数：科学的语言》中对纯理论推理令人惊讶的实用性做了一个有趣的比喻：数学家可以和服装设计师相比较，不过他完全不考虑什么样的人适合穿他所设计的服装。确实，他的手艺原是为了满足这些人的穿衣需要的，不过，那是很久以前的事了；现在，偶尔遇见某人身材适合他设计的服装，好像他的服装就是为这身材做的，这时他就感到无限的惊奇和快乐。

向普遍的需要，他占领广大的市场。哪些结构要增加，哪些结构要修改，这种信息来自科学实践。

社会实践仍然是检验真理的唯一标准①。

阅读材料

8.5 布尔巴基学派和新数运动

1957 年，苏联在航天领域的成功引起了美国的极度震惊。美国向来自诩为世界头号科技大国，如今却突然发现被人赶超。美国政府认为毛病主要出在数学上面，数学是一切科技的基础和工具，应该提高全民的数学素质。而当前中学里学的数学基本上是 17 世纪以前的东西，于是希望用“新数”来代替这些过时了的“旧数”。加上新闻媒体大力宣扬，此事一时间闹得沸沸扬扬，最终发展成风靡全球的新数运动。

新数之新主要体现在：

(1) 增加现代数学内容。如集合论、抽象代数、矩阵论、概率统计、计算机科学等。

(2) 强调公理化方法，废弃欧氏几何。欧氏几何体系的不严密成为被废弃的理由，取而代之用来训练学生思维的是公理化特点鲜明的数理逻辑等。

(3) 强调结构。组成综合的数学课程，用集合、运算、关系和映射等把数学课程统一为一个整体。

由于新数运动过多地将现代数学移植到中学里，过分强调公理化和严谨性，大多数学生接受不了，甚至老师和家长也感到困惑。到了 20 世纪 70 年代，新数运动不了了之，随之兴起的口号是回到基础。有人认为布尔巴基学派应该为新数

---

① 数学是一门高度抽象的学科，而世间的确有天才存在。某些天才的数学理论是极度超前的，可能在相当长的时间，都很难被人理解，更别说应用于实践。如果就此将之丢弃，可能是一种损失。我们可先从逻辑上检验它，日后再用实践来检验吧。

运动负责，因为布尔巴基学派一直主张用现代数学语言编写数学教材，他们编写的《数学原理》就是这方面的典范。但相当多的数学家反对这一指责。《数学原理》的出版是为从事数学研究的数学家提供工具，并没有强制所有数学书都应该这样写，也没有要求中小学生要使用这样的书做教材。

思考和讨论

数学的产生和发展是否有一定的规律？

M. 克莱因研究数学史之后，认为："数学的展开不是逻辑的。把直觉、巧妙的推测、纯粹形式上的运算（不加批判地使用）和一些物理论证拼凑起来，便引导着数学家去肯定他们所谓的定理。"

譬如人们在认识整数和加减乘除运算之后，通过减法可以得到负数，通过除法得到分数；从逻辑上讲，减法比除法简单，人们要先得到负数才对。为什么反而是分数先于负数出现呢？

又如，三角形内角和在逻辑上有三种可能：大于平角、等于平角或小于平角，对应于逻辑上的每种可能，就有一种几何学。为何长期以来人们只承认一种几何，即三角形内角和等于平角的欧氏几何？

又如，微积分创建时从逻辑上是不严谨的。但是数学家只管前进，用"不合逻辑"的推理获得了辉煌的成果！

既然数学的发展不是按逻辑展开的，那么数学的产生和发展有没有规律呢？如果有，是什么规律呢？

请收集阅读资料，思考讨论，整理出你的看法。

第九章

命运决定还是意志自由
——必然性与偶然性的数学思考

必然和偶然，是一对矛盾。

辩证法认为：事物的发展，有其必然性，也有其偶然性。

哲学中的必然，是指客观事物联系和发展的合乎规律的、确定不移的趋势，是在一定条件下的不可避免性和确定性。

那么，什么情况下是确定不移、不可避免呢？哲学没有回答。

哲学中的偶然，是指事物发展、变化中可能出现也可能不出现，可以这样发生也可以那样发生的情况。

那么，为什么会出现这种不稳定性呢？哲学也没有回答。

本章将尝试站在数学角度，对必然和偶然这对矛盾进行分析。

人，谁不关心自己的命运？如果花点钱就真能预知祸福，就能逢凶化吉，那当然划得来。也许正因为如此，算命先生至今仍有生意可做。一些发达国家的算命先生——高雅的称号叫做占星家——据说更是顾客盈门，甚至还用上了现代化的电脑。而问卜者，大多是不能掌握自己命运而又抱有某种希望的人：失业者，考生，求偶的男女，等等。

当然，今天的多数人已不相信算命先生了。生活的经验和科学的逻辑告诉人们，并没有什么可以预知的命运，更没有哪位“铁口神仙”能说出你的吉凶祸福。

如果一个人有定命，而且定命中的吉凶祸福又可以预知，那么，他就可以采取趋吉避凶的措施来改变自己的命运。既然人的定命可以改变，那就表明定命并非是定而不移的了，也就是无所谓定命。对不存在的东西，预知什么呢?

希望预知命运而问卜者，必然陷入一种矛盾的心态：他们相信命运是注定的，但是又希望命运若不好时可以改变。

有一个故事可以反映这种对命运看法的矛盾心态。

一个到外地跑买卖的商人去算命，“铁口神仙”王先生告诉他：几天之内，你就要死了，这是命中注定的，你赶快回家乡吧，免得成为异乡孤魂。于是商人赶快收拾行李启程返乡。要知道那时交通不像今天这么方便，没有火车、飞机。在途中歇脚吃茶时，商人偶然认识一个汉子，面有悲色。深谈之后才知道这汉子因无钱还债，前天把妻子抵债了。由于同情，又想到自己反正要死了，商人给了他一些钱。当晚大雨，商人在旅店住宿，忽然有人敲门。商人起来开门，原来是汉子已赎回了妻子，怕商人一早启程，连夜赶来拜谢了。就在此时，商人所住房间的墙因被雨水灌入而突然倒塌、压在床上。商人因起来开门得免一死。后来商人再见到“铁口神仙”王先生时，王先生说：不是我算得不灵，是你做了好事把命运改变了。

这故事是说，商人去问卜，急忙回家，住店，雨夜墙倒，都是命定的。他命定要在旅店的床上被砸死。但是命又毕竟没有定，又可以被商人的行动改变。那么，究竟是命运决定人生呢，还是人的意志创造命运呢? 故事里这种逻辑上的矛盾，表现了说故事的人力图调和对立的两种哲学观点的心理。

9.1 两种对立的哲学观点

认为人的活动可以改变命运，因而也就无所谓命运，这种观点，也许可以说服一些求神问卜的善男信女，使他们回过头来，靠自己把握自己的命运。然而对一个彻底的定命论者，或对一个决心维护定命论的诡辩家来说，说服他可没有这么容易。他可以振振有词地回答：

“一切都是时间的函数。当你生命中的某一时刻到来时，在那一时刻你的处境、你的心情、你的吉凶祸福，都将以唯一可能的方式实现，这就是你的定命。就连你某一天去找某个算命先生，他向你说些什么，你听了他的话之后为改善心目中的定命而作的努力，这努力所产生的效果，也都属于定命的一部分。这一切，都是由宇宙万物的运动变化的必然规律所确定了的，是巨大的无所不包的因果关系链中的一个或几个环节。作为凡夫俗子的算命先生，也许不能精确地预知这一切，可是人的命运是注定的，这是毫无疑义的科学论断!”

按这种观点，上面所述故事中的“铁口神仙”王先生不见得知道商人的定命。而商人去算命，因算命而还乡，因还乡而路遇一个穷汉，以致解囊相助而得到从危墙下逃生的果报，这才是真正的定命。

定命论者可以带有迷信色彩，也可以不带迷信色彩。公元 4 世纪，罗马帝国统治者把基督教奉为国教，建立了一套教父哲学。教父哲学的最大代表奥古斯丁断言，一切都是上帝预先安排好了的，没有天命，就连一根头发也不会从头上脱落下来。佛教的轮回说认为，人今生的遭遇由前生决定。但是，宗教又都认为，人的行动能改善命运。信上帝，或做善事可入天国，得好报。这表明，带有迷信色彩的定命论者实际上是不彻底的定命论者，因为他承认人的行动实际上时时刻刻在改变着命运。

不带迷信色彩的定命论者，他们的观点不仅涉及人的命运，而且包罗了自然、社会以及宇宙中的一切。为了避免迷信的联想，我们不妨称之为决定论者。

决定论者的基本观点是必然性统治着宇宙中的一切。所谓必然性，是物质运动的因果关系的规律性体现，不是任何神意的安排。这种观点，早在公元前 400 年左右古希腊德谟克利特的原子唯物主义哲学中已被提出来了。随着生产力的发展，人对自然现象的奥秘了解得越来越多时，又和机械唯物主义一同出现。其代表人物是霍布斯、拉美特里和霍尔巴赫。其中霍尔巴赫说得最明确，他说：“宇宙本身不过是一条原因和结果的无穷的锁链"①，因此，他完全否定了偶然性。在他看来，"使用偶然这个词，不过是掩盖我们对于产生所见的那些结果的自然原因的愚昧无知罢了"②。这和德谟克利特的看法正好一致。德谟克利特也认为，偶然性是人们对事物的无知而产生出来的主观观念。那么，人的主观意志又起什么作用呢？他认为，人的意志也是被客观必然性所决定的，无所谓自由意志。"我们的思维方式必然被我们的存在方式所决定，所以，它有赖于我们的自然的机体，也有赖于我们的机体在不受意志支配的情况下所接受的种种改变。由此，我们不能不得出这样的结论：我们的思维，我们的反省，我们的观看、感觉、判断、配合观念等的方式，既不能是自愿的，也不能是自由的。"③ 这样推理的结果，就是"我们是好是坏、幸福或不幸福、明智或愚笨、有理性或没有理性，对于这些不同的情况，我们的意志丝毫无能为力。"④

在霍布斯看来，人无非是机器。而拉美特里甚至写了《人是机器》这样一本书。他认为人的心灵依赖于饮食：喝开水的士兵会临阵脱逃，吃大酒大肉的士兵会斗志昂扬，英国人吃的肉不像法国人烤得那么熟，因而性格比法国人凶暴，吃素的法官审判时最公正、仁慈，但是在饱食丰盛的酒肉之后却会把无辜者送上绞架，等等。这些观点与霍尔巴赫一样，认为人的意志也受客观必然性的支配。

总而言之，在决定论者看来，无论是自然现象还是人的思维，都被包罗万象的必然的因果关系所确定。昨日种种，是今日种种的原因；明日种种，是今日种种的结果。宇宙间每一件事之所以出现，之所以按这种方式出现而不按另一种方式出现，必有它的根据。否则，为什么会这样而不是那样呢？

彻底运用这一逻辑，其结论简直使人难以置信。如果宇宙间的一切真的有严格的因果关系可循，那么，现今的一切，早在太阳系诞生之前便已决定了。不但人类历史上的一切大事，如两次世界大战、希特勒的暴发与灭亡是早已注定的，

---

① 霍尔巴赫. 自然的体系[M]. 上卷. 管士滨，译. 北京：商务印书馆，1964：51.
② 霍尔巴赫. 自然的体系[M]. 上卷. 管士滨，译. 北京：商务印书馆，1964：63.
③ 霍尔巴赫. 自然的体系[M]. 上卷. 管士滨，译. 北京：商务印书馆，1964：174.
④ 霍尔巴赫. 自然的体系[M]. 上卷. 管士滨，译. 北京：商务印书馆，1964：164.

就连前天老李感冒吃两片阿司匹林、隔壁赵家小黑猫尾巴上有 1203 根毛而不是 1204 根毛、昨晚公园里一位小伙子给他恋人一个吻，也都是在多少亿亿年之前就已经注定了。岂有此理！

但是，“岂有此理”四个字，并非论据。这些令人难以置信的推论，也难不倒彻底的决定论者。只要不导出逻辑上的矛盾，“难以置信”并不说明什么。地球是圆的，运动的长度会缩短，开始不也是令人难以置信吗？小伙子给恋人一个吻，自有他当时心理上、生理上及客观条件的依据，而每个依据也应当另有依据，难道因果关系的链条会在某一环节处中断吗？如果不中断，上溯到多少亿亿年之前又有什么奇怪？

决定论的观点从逻辑上难以驳倒，但并不意味着别人都必须相信它。在哲学领域，尖锐对立的两个观点谁也不能从逻辑上把对方驳倒的例子并不少见。就是在一向以严密精确著称的数学领域，不也有欧氏几何与非欧几何的共存吗？因而，与决定论者相反的观点，也自有其道理和市场。

主观唯心主义经验论哲学家贝克莱，根本否认原因与结果之间的必然联系。不知他是不是真的不理解因果关系，他攻击唯物主义的因果决定论是最荒谬、最不可理解的谬论。火烧了手会使人感到疼痛，他认为这不说明火与疼痛之间有因果关系，只不过两件事之间存在一定的次序，意味着火是能引起疼痛的标记而已。继承了贝克莱主观唯心主义经验论的基本立场的休谟，用不可知论的主张发挥了贝克莱对因果关系的看法，认为因果关系的观念不过是习惯性的联想，把客观的必然性看成主观的习惯与信念。

从主观唯心主义的立场反对决定论，尽管在逻辑上难以将其驳倒，但是人们在实践中很容易相信它是荒谬的。就连休谟自己也发现自己的哲学与自己的现实生活格格不入，经常陷入痛苦的矛盾中。

唯意志主义哲学从另一个角度来反对决定论。如康德虽然也承认自然界现象的因果关系，但是他认为人的意志是绝对自由的，并主张实践理性高于理论理性——即意志高于理智。康德之后的费希特，主张意志是个性的基础、自我是创造世界的源泉。这些看法都含有唯意志主义的思想基础。到了叔本华和尼采，更把意志夸张为世界的最高原则，认为一切事物是意志的表象、事物的必然性是对“自由意志”的服从。这样，自然也就不承认事物发展的客观的因果关系了。

其实，任何意志，只能是人的意志。所谓作为宇宙主宰的最高意志，只存在于哲学家的想象之中，它和柏拉图的理念世界、黑格尔的绝对理念、康德的自在之物是一类的东西，从常识出发很难相信它的存在。

但是，每个人都会有这样的感觉：自己的意志在一定限度之内还是自由的。我从椅子上站起来又坐下，用右手摸一下左手或不摸，我可以自由地决定，不受任何因果关系的约束。这是不是就打开了一个缺口，可进而否定决定论呢?

决定论者只有那一句老话：你觉得自己有一定的自由，但你产生这种感觉也是被一定因果关系决定了的。你自己以为你有站一下坐一下的自由，但是当你具体做这个动作时，仍是受大脑中物质运动因果关系的支配，仍是被决定了的。

谁也不能说服谁。

对决定论者最严重的打击来自物理学的进展。相对论的建立，首先把传统思维方式中“同时性”的概念突破了，证明了“同时性”是相对的。时空观念、质量观念也都成为相对的、可变的了。量子力学确认微观过程遵循的只是统计的确定性，“测不准原理”指出，微观客体的位置与动量不可能同时准确地被测定。这些发现对西方当代哲学有巨大影响，使20世纪的西方哲学成为相对主义的时代。

既然微观世界遵循的只是统计的原则，那么决定性的因果关系在微观世界那里就成为不确定的了。当我们沿着因果关系链追得过于苛刻时，链的某些部分将日益渺茫，直至陷入偶然性的迷雾之中。这代表了一部分物理学家和哲学家的看法。可是也有一些科学泰斗不这样看，创立了相对论的爱因斯坦就说过：他不相信上帝是在和人们掷骰子。

决定论者还可以作最后的抗争，因为物理学毕竟是实验科学。人的测量、观察的精度只能达到一定层次。也许更进一步的、更深层次的研究，能揭示出量子力学中的确定性规律吧。

在当代西方哲学中，主张偶然性支配世界的居于主流。他们主张：世界上根本没有必然性和绝对性，一切都是相对的、偶然的。

存在主义认为：支配世界的是一系列的偶然性，历史是一系列个人偶然事件的堆积。

批判理性主义认为：历史不能重复实验，人的意志又是自由的，这就造成了历史的偶然性。

实用主义认为：历史是偶然的和多元的，怎么解释都行。社会情况十分复杂，无规律可循。20 世纪是相对主义的时代，必然的东西已经消失了，代替必然性的是偶然性、几率性和多元性。实用主义哲学的代表人物杜威说："正如必然性和追求一个包罗一切的单一规律是 19 世纪 40 年代学术空气中典型的东西一样，几率和多元论则是当前科学状况的特征。因为必然性这个观念的旧解释业已遭到了巨大的打击……"

必然性与偶然性的矛盾，已成为哲学家面临的困难问题之一。说一切是必然的，道理似乎充分，结论难以置信，再说量子力学确实摆出了偶然性在某些领域占统治地位的证据。说一切是偶然的吧，偶然现象背后又是什么呢？世界上为什么会有无原因的结果呢？而且宏观世界中——明显的例子是天体运行——确有必然性统治的领域。是不是世界上有些事是必然的，又有一些事是偶然的呢？如果是这样，这界限又是根据什么划分的呢？如果说自然界服从必然，社会服从偶然，那么在人类出现之前又如何呢？是不是有了人类才有偶然呢？在偶然性与必然性的交界之处，是必然影响偶然，还是偶然影响必然呢？

辩证唯物主义哲学认为：客观世界中既存在着必然性，也存在着偶然性。必然性与偶然性既有区别，又有联系。必然性就存在于偶然性之中，并通过偶然性为自己开辟道路。但是，必然性与偶然性是如何区别又如何联系的呢？为什么偶然性能够为必然性开辟道路呢？必然性会不会为偶然性开辟道路呢？世界上有没有毫无根据的偶然事件呢？这些问题，尚待科学实践作进一步的回答。

也许，听一听数学说些什么是有益的。哲学家面前的难题，常常由于数学的进展而得到有启发性的解答。关于无穷，关于连续性，数学的进展使古老的结被解开了。在必然性与偶然性的问题上，数学能不能提供有益的线索呢？

9.2 从偶然产生必然

数学家和哲学家、物理学家似乎有点不同。哲学家和物理学家，总是喜欢对客观世界的本质作出假设、猜测和断言。数学家却不愿拍板，他们总是小心翼翼，说这一类的话："如果事情是这样的，那将会如何如何；如果是那样的，又会如何如何。"

如果一切都是偶然地发生，又会怎样呢?

为了回答这个问题，数学家提供了概率论和数理统计的方法。按照这个方法研究那些偶然性占统治地位的系统——随机系统，得到了许多这样的结论：某些现象将必然发生。

在人们看来，掷一枚钱币出正面还是反面，是偶然的（当然，决定论者不同意这个说法。他们认为，出正面还是出反面，是由一些确定的因素决定的——钱币的初始位置、掷出的方向与速度、空气阻力……这自然也对。出正面出反面总得有个原因，即使绝对均匀的钱币，初始位置准确地垂直于地面，落到水平、光滑、弹性均匀的地板上，它总不会立在那里，总要出正面或反面。这表明，确定钱币出正面还是出反面的问题，即使有足够精确的测量手段和完全严格正确的力学理论，仍不能确定。把它看成偶然现象并非无知。即使有无比丰富的知识，也无法确定）。如果钱币是均匀的，我们找不出任何理由断言它该出正面还是反面。正反面的概率各占一半。如果只掷两次，可能有四种结果：

（正，正），（正，反），（反，正），（反，反）。

可见两次相同的概率为$\frac{1}{2}$，正与反各占一半的概率也是$\frac{1}{2}$。

如果掷1000次呢?每次都相同的概率只有$1/2^{999}$。实际上我们绝对观察不到这种现象。而正与反大体上各占一半的事是几乎一定会发生的!

统计物理学家正是用这种办法论证了气体在容器中密度均匀分布的必然性。两个相互连通而对外封闭的房间，如果里面只有2个空气分子，那么2个分子跑到同一个房间的概率是$\frac{1}{2}$，这是容易发生的事。而当分子数目增加到通常空气里那么多分子的数目时，所有分子都跑到一个房间里去的事可以说不会发生了，而两个房间里空气分子大体一样的情况几乎是必然的。必然产生于偶然。

概率论提供了一个有趣的定理，不妨叫做“赌徒输光定理”，意思是说，在“公平”的赌博中，任一个拥有有限赌本的赌徒，只要长期赌下去，必然有一天会输光。这个结论的确与社会现象惊人地符合。因赌博倾家荡产的事时有所闻，而致富的却绝不存在——除非是骗子或开赌场——这就不是本来意义下的赌徒了。

在一次赌博中，每个赌徒都可能赢。谁输谁赢是偶然的。然而长期赌下去，输光却是必然的。

关于中国人的姓，有人做过调查。在若干年以前，不同的姓氏有数千种之多，可是今天只有几百种了，而且多数人的姓属于张、王、李、赵、刘等几个“大姓”，长期发展下去，必然有更多的姓氏消失，最后都成为一个姓。这是因为中国人的命名习惯是孩子与父方同姓，母方的姓传不下去。这使得任一个姓在长期发展过程中都会消失（最后剩一个当然不会消失了）。这是“赌徒输光定理”的一个应用。

最近，有些科学家研究了人的某种遗传因子的特征，从孩子身上只能发现母方的特征。调查结果得到一个惊人的结论：世界各地的人，这种特征是一样的。这就产生了一个有趣的“夏娃假说”——现在所有的人，最远的远祖，在母系方面只是一个女人，道理和中国人的姓氏消失现象类似。如果一个男性只有女儿，他的姓氏传到他这一小支的部分就消失了。类似地，如果一个女性只有男孩，她的那个遗传特征也就传不下去了。在人类长期的发展过程中，可能有很多各种各样的女性遗传特征一个一个地消失了，只剩下最远最远的远祖“夏娃”的。这是“赌徒赌光定理”的又一应用。

我们不必过问每一个个别情形的出现是由什么具体因素确定的，尽管这种具体因素确实存在。例如，生男孩还是生女孩，必有一定的原因。我们只要从宏观上按统计规律推理，照样能够得到一些必然性的规律，如赌徒输光、姓氏消亡，等等。

用这种观点看生物的进化，看历史的发展，看社会的趋势，都可以得出同样的道理：即使个别现象纯属偶然，甚至假定没有什么原因，总体上仍有确定的规律。

微观上的偶然性集中起来，冲抵了种种相互矛盾的因素之后，呈现出宏观上的必然性。

9.3 从必然产生偶然

自然界的许多现象，很明显地是由严格的因果关系支配的，例如天体的运行。人类很早就掌握了四季变化、月亮盈亏的规律，甚至能精确地预报日食、月食和彗星的出现。正是由于这些知识的积累，使决定论的理论得以形成并在哲学上占得一席之地。

那么，如果假定一个系统，它是由决定性的因果规律完全主宰的，结果又会如何呢?

自“第二次世界大战”以来，人们通过对决定性系统的深入研究，发现了意想不到的事实：严格地遵从决定性规律的系统，在一定条件下，也会呈现出随机过程所具有的特征。

描述决定性系统的数学，是所谓动力系统，或者叫做微分动力系统。它始于20世纪初庞加莱对天体运行的多体问题的研究。比如，太阳、月亮和地球，三者的相互位置在各种初始条件下将会按什么规律变化，就是多体问题中一个最基本的特例。在力学上，它可以抽象为质点组的动力系统，其运动规律可以用微分方程描述，微分动力系统由此而得名。

数学家对决定性的系统，给了一个比微分方程更简单的描述，这就是迭代。如果某个系统服从决定性的因果关系，那么，它明天的状态 Y 与今天的状态 X 之间就有一个确定性的联系。在数学上，这叫做 Y 是 X 的函数：

$$Y=F(X)。\tag{9.1}$$

当然，我们也不一定用一天两天为计时单位，也可以设 Y 是 1 小时、1 分钟或1秒钟之后的系统的状态，这在本质上没什么不同。

式（9.1）既可表示今天和明天的状态之间的联系，也可以表示昨天和今天、明天和后天的状态之间的联系。如果 Z 是后天的系统状态，根据式（9.1）便有

$$Z=F(Y)=F[F(X)], \tag{9.2}$$

而大后天的状态将是 $W=F\{F[F(X)]\}$。一般说来，n 天之后的状态可以用函数 F 的 n 次迭代表示：

$$X_n=F^n(X), \tag{9.3}$$

而

$$\begin{cases} F^n(X)=F[F^{n-1}(x)] \\ F^0(X)=X \end{cases} \tag{9.4}$$

迭代运算是完全确定的。在计算机上作迭代特别适宜：一个固定了的计算程序；给一个初始值；计算出的结果又当成初始值。反复多少次，完全不用人操心。因此，自从有了计算机，决定性系统的迭代模型引起了数学家的广泛兴趣。

对迭代的研究有了一系列有趣的发现，其中一个重要发现是：完全确定的迭代过程，会呈现出由偶然性占统治地位的随机系统的特征。

例如，按照某种简化了的数学模型，一类无世代交叠的昆虫的第 n 代虫口指数 x_n，满足下列方程

$$x_{n+1}=1-\mu x_n^2。 \tag{9.5}$$

对 x_n 性质的研究可以归结到二次函数

$$f_\mu(x)=1-\mu x^2 \tag{9.6}$$

的迭代的研究。此处 μ 是与生态环境有关的参数。

二次函数的图像，不过是简单的抛物线，但是迭代起来可不得了。每迭代一次，指数增加一倍，函数性状越来越复杂。一旦参数 $\mu>1.5$，x_n 随 n 而起伏变化的规律就会惊人地复杂。对大多数初始值 x_0，x_n 恰似掷硬币抛出正反面那样随机地取正值或负值，看不出是一个决定性过程了。有人用计算机做试验，把区

间［－1，1］分成等长的 100 段，计算 x_n 落在哪些段的次数多，哪些段的次数少。结果发现：对多数初始值 x_0，当 n 很大时，x_n 落在各个小段里的机会几乎均等！

由迭代而产生的这种貌似随机而实为确定的现象被称为混沌现象。它不仅是数学家关心的领域，同时也是物理学家、生物学家、化学家的乐园。

概率论与数理统计表明，空间上微观的随机性导出了宏观的决定性。微分动力系统的研究又揭示出，时间上微观的决定性呈现为宏观的随机性。不是吗？气体分子一个一个随机地活动于空间的局部，而整体上却遵从明显的规律，如玻意耳定律。迭代过程的每一个环节——代表系统在 1 秒、1 分或 1 天的变化——都是完全确定的，长程的结局却呈现出随机起伏。

数学的严格论证帮助哲学家在一定程度上说明：决定的必然性与随机的偶然性，不仅是对立的，而且是统一的。这不是来自主观的判断，而是来自严格的推理，因而也许会使人信服。

9.4　一场风暴或一口痰能影响民族的命运吗

主张偶然性支配历史的一些现代西方哲学家认为，历史发展的动力是多元的、极其复杂的，微不足道的小事也可以产生大的影响。实用主义哲学家杜威的中国弟子胡适，有这么一段话：

“一切作为，一切功德罪恶，一切语言行事，无论大小，无论善恶，无论是非，都在那大我上留下不可磨灭的结果和影响。他吐一口痰在地上，也许可以毁灭一村一族。他起一个念头，也许可以引起几十年的血战。”

这就是说，人无法预见历史的发展，只能听凭偶然性的盲目摆布。

有趣的是，极力主张世界是由必然性的因果关系统治着的霍尔巴赫，竟也殊途同归地得出类似的结论：

“没有什么微小的或遥远的原因不会在我们身上有时产生最大、最直接的结果。说不定一阵暴风雨的一些最初因素就是在利比亚干燥的平原里聚集起来的，这场暴风雨，被风卷着，向我们奔驰而来，加重了我们的大气，影响到一个人的气质和情绪，而这个人由他自己的一些情况又能影响到许多其他的人，并且依照着他的意志来决定许多民族的命运。”

两种尖锐对立的哲学观点在这个具体问题上走到一起来了。

恩格斯对此曾批评道：“力图用根本否认偶然性的办法来对付偶然性……这样，偶然性在这里并没有从必然性得到说明，而倒是把必然性降低为纯粹偶然性的产物。”

微分动力系统在一定程度上实现了恩格斯所说的使偶然性从必然性得到说明。但是，怎样才能做到不把必然性降低为偶然性的产物呢？

在微分动力系统的研究中，有一个很重要的概念叫做“稳定性”或“结构稳定性”。我国已故著名数学家廖山涛院士曾指出：对结构稳定性研究，包括正面与反面的研究，是微分动力系统的中心问题之一。

什么叫结构稳定性呢？如果一个决定性系统在小的“扰动”之下不会有性质上的改变，就称这种系统是结构稳定的。所谓扰动，就是微小的量的改变。这里当然是非数学的描述，因为我们没有必要用可能使读者觉得枯燥的数学符号来介绍过于专业的东西。

另一种稳定性是所谓渐近稳定性，即系统的初始状态受到小的干扰时，其长远趋势是不受影响的。这种系统叫做渐近稳定的系统。

数学研究发现：在某种意义上，具有稳定性的决定性系统是相当普遍地存在着的。这暗示着一条有哲学意味的命题：一般而言，微观事件不足以影响宏观的决定性过程的本质与长远趋势，除非微观事件的效果大量集中，达到一定的程度。

稳定性系统（或过程）的普遍存在，可以很切实地说明为什么小事一般不能造成重大的影响，而前面胡适、霍尔巴赫的说法就成为无根据的臆断了。因为大量的研究表明，历史发展的总趋势具有稳定系统的特点。

微观和宏观是相对的。对于银河系来说，地球上的一切变化、一切事件是微观的；对于人类历史来说，个人的一般活动是微观的；对一个人而言，他的每个细胞中发生的一切是微观的；对一个细胞而言，其中的分子运动是微观的。反过来，人类历史、一个人、一个细胞，又都可以是宏观的。

把事物分成若干层次，每个层次对上一层次来说是微观的，对下一层次又是宏观的。数学上稳定性的研究表明：低层次的变化要达到一定的强度，才能引起高层次的质的改变，这是普遍存在的稳定现象。

不稳定系统确实是有的，例如抛掷钱币。另外，还存在大量这样的系统：它在某些个别状态下是不稳定的，在一般状态下是稳定的。例如，温度达到0℃但尚未结冰的水，这时微小的影响将使冰晶出现。数学上，把这些不稳定的状态叫分支点或分岔点。在这些关键点上，极小极小的扰动会引起系统发展的质变。近些年来，对分岔现象的研究成为十分活跃的数学领域。

这样，稳定性概念的提出及深入研究说明，偶然事件不足以改变历史趋势，同时也说明在某些关键时刻、关键场合，个人的活动或别的什么偶然事件，能够有重大影响。

蒙古海军曾远征日本，因遭遇风暴不战而败。如果这场被日本人叫做“神风”的偶然事件晚发生一个月，日本历史将有重大改变。如果蒙古的军事决策者偶然地改变了行动日期，结果也会有很大的不同。这也许可以作为偶然事件产生重大影响的例子。

9.5 什么叫必然？什么叫偶然

准确地给出“必然”和“偶然”这两个概念的含义，是哲学家面临的困难问题之一。

哲学家承认，一切事物都有原因。如果认为有毫无原因的事件，那就否定了哲学与科学。既然都有原因，那为什么有偶然事件呢？霍尔巴赫认为：我们是把我们看不出同原因相关联的一切结果归之于偶然。这样，“偶然”就成为主观上的东西，不知道原因的，就是偶然的。偶然性与人类的认识水平有关，而不是事件的客观属性。

另一种哲学观点认为："决定和影响一个事物发展的原因，是多方面的。有的原因同事件的发展方向有着本质的联系，有的原因同事物的发展方向只是非本质的联系。对于一个具体事物来说，只有那些对事物的发展具有本质联系的原因，才表现为必然性；至于那些对事物的发展只起着加速或延缓的作用，决定事物的这种或那种特点的原因，对于这个事物来说，就只有偶然性。"

这种说法并不能令人满意地回答"什么是偶然事件"这个难以回避的问题。它说明了事物"原因"的偶然性意义。一个事件，可能成为好几个事件的原因，如在街上洒一盆水，它是尘土在这里暂时不再飞扬的原因，又是一位小朋友不小心滑倒的原因，还是几只蚂蚁被淹死的原因。事件对于不同的事物，有作为原因的偶然性与必然性之分，但事件本身的偶然性与必然性呢？

对这个问题，数学也许能给哲学以启示。我们不妨利用稳定性的概念来试着解释必然性与偶然性。

仍以抛硬币为例。用一个精密的仪器将硬币按一定的初速度垂直上抛。考查两件事：

A. 硬币上升高度达到 2 米；

B. 硬币落地后正面向上。

一般认为，事件 A 是必然的，事件 B 是偶然的。

事件 A 是有原因的，原因是上抛的初速度。事件 B 也不会没有原因，原因在于初始位置。在理想情况下，我们应当假定：这是一个决定性过程，初始状态决定了最终状态。

既然 A 与 B 都有原因，那为什么一个叫做必然的，另一个叫做偶然的呢？仔细分析，便会发现，原因与结果之间的联系，有不同的数学方式：一个是稳定的联系，一个是不稳定的联系。

上抛高度与初速度有关。初速度的微小改变只能引起高度的微小改变，不会使事情产生质的变化，这正是稳定性系统的特征。因此，稳定性可以用来说明必然性。

出正反面应当与初始位置有关。但是无论初始位置多么对称于正反面——使硬币平面与水平平面垂直，结果仍然各以 1/2 的概率出正反两面。这表明，初始位置的无论多么细微的差别，都足以引起后来状态本质的不同！这正是不稳定系统的特点。可见，不稳定性可以用来说明偶然性。

这就提示我们：如果事件与原因以稳定性的方式相联系——原因的小扰动只能引起事件的小变化，就叫做必然事件。

反过来，如果事件与原因以不稳定的方式相联系——原因的无论多么小的扰动都能引起事件性质的显著不同，就叫做偶然事件。

这样，用数学提供的思想给出了必然性和偶然性的客观性的定义。

这个定义不依赖于我们知识的贫乏或丰富，不依赖于我们对事件本质的看法，它只与事件的本性有关。

对某些必然性事件，在我们对它的原因尚不深知时，有可能误认为是偶然的。可是对于偶然性事件，无论我们的知识多么丰富，手段多么精密，它仍是偶然的，因为对它的原因的定量把握，任何时候都是有限度的，而它在此限度之外的变化，仍能左右事件的性质。

这样，即使我们承认宇宙中的一切都是决定性的，也不能否认偶然事件的发生。所谓决定性的东西，如果人完全不能预知，也就不存在是否是定命的问题。至于我们现在所遭遇的一切，是不是像写好了剧本的电影一样，在宇宙开始的大爆炸时就已经确定了的呢？这是一个没有科学意义的问题。因为不可能具体检验这个问题的正反面答案的真伪。

莱布尼茨说，世界有两大谜使理性迷惑：一是自由与必然如何协调的问题，二是连续性与不可分割性如何统一的问题。数学的进展，对这些难题多多少少提供了解答。不可分的点可以构成连续的线，偶然可以产生必然，必然也可以表现为偶然，这些研究从一个方面支持了辩证唯物主义的“事物是对立的统一”这个观点。同时，又对“什么是必然”“什么是偶然”提供了有启发性的回答。这使我们看到，哲学作为人类一切知识的概括与总结，应当紧跟各门学科的进展，特别是数学的进展。

人类研究必然和偶然，无非就是想认识事物的发展规律，更好地规划未来。

但我们现在所谓必然的规律是根据以往的经验总结出来的，从逻辑角度而言，所用方法都属于不完全归纳法。由于未来是没有穷尽的，因此要完全归纳是不可能的。一切被认为是必然的规律都要面临未来的挑战，都可能被尚未出现的例外打破。歌德曾言“理论是灰色的，生命之树常青”，也许正是此意。

阅读材料

9.6 抽屉原理

俗语有云：世界之大，无奇不有。意思就是在大量的事物或现象当中，常常会出现一些奇怪的似乎是巧合的事物或现象。

奇怪的事物、巧合的现象，它们的发生似乎是必然的。但在一定条件下，表面上是偶然的东西，却又必然出现。

围棋有黑子、白子。你随手抓两颗棋子，这两颗恰好是白子，真巧！若恰好都是黑子，也可以说真巧。“两颗棋子颜色相同”这件事有偶然性。但是，如果你抓 3 颗棋子，其中必有 2 颗颜色相同，这时偶然的事件就变成必然的了。

棋子数量的增多，使偶然成为必然。看起来多么平常。但就在许多司空见惯的平凡现象的背后，往往隐藏着深刻的道理。有些数学家正是抓住了平凡现象背后的道理，深发掘，形成数学观念，阐发为著名的定理。

3 颗棋子必有 2 颗同色。5 颗呢？8 颗呢？100 颗呢？你会进一步想到：$2n$ 颗棋子必有 n 颗同色，$2n+1$ 颗棋子必有 $n+1$ 颗同色。

围棋有黑白两色，而跳棋可以有 6 种颜色。于是 7 颗跳棋中必有 2 颗同色，13 颗跳棋子里必有 3 颗同色。

一般规律是：把 m 个东西分成 n 组，如果 m 大于 n 的 k 倍，那么必有某一组含有不少于 $k+1$ 件东西。

譬如把 30 个乒乓球放到 7 个抽屉中，因为 30 大于 7 的 4 倍，每个抽屉只放 4 个肯定放不完，所以至少有一个抽屉不少于 5 个球。这就是数学中常用到的鸽巢原理或者抽屉原理。

人的头发很多，如果两个人头发的根数一样多，该是一件多么巧合的事情。但在今天的中国，至少有 1 万人，他们的头发根数一样多。这不过是抽屉原理的简单应用而已。人的头发一般不会超过 12 万根。把头发相同的人放到一个大“抽屉”中去，总共不到 12 万个“抽屉”。13 亿人分到 1.2 万个“抽屉”里，总有一个抽屉超过 1 万人。

回到本章开始提到的算命问题。

如果以 100 年计算，按人出生的年、月、日、性别的不同，组合数应为 $100\times365\times2=73000$，我国现有人口 13 亿。由于 $1.3\times10^9>73000\times17808$，根据抽屉原理，存在不少于 17808 人，尽管他们的出身、经历、天资、机遇各不相同，但他们却具有完全相同的“命”。

在我国古代，早就有人懂得用抽屉原理来揭露生辰八字之谬。如清代陈其元在《庸闲斋笔记》中就写道：“余最不信星命推步之说，以为一时（注：指一个时辰，合两小时）生一人，一日当生十二人，以岁计之，则有四千三百二十人，以一甲子（注：指六十年）计之，止有二十五万九千二百人而已，今只一大郡，以计其户口之数，已不下数十万人（如咸丰十年，杭州府一城八十万人），则举天下之大，自王公大人以至小民，何啻亿万万人，则生时同者必不少矣。其间王公大人始生之时，必有庶民同时而生者，又何贵贱贫富之不同也？”在这里，一年按 360 日计算，一日又分为十二个时辰，得到的抽屉数为 $60\times360\times12=259200$。

9.7 五百年必有王者兴

《孟子·公孙丑》记载：五百年必有王者兴，其间必有名世者。由周而来，七百有余岁矣！以其数，则过矣；以其时考之，则可矣。夫天未欲平治天下也，如欲平治天下，当今之世，舍我其谁也？

这种思想流传到后世，影响深远。这为后来的一些起义者找到了借口：自称是天命所归。

有人认为，五百年必有王者兴，属于历史唯心主义。

有好事者专门作了统计：由尧舜至汤五百年，由汤至文王五百年，由文王至孔子五百年……从朱元璋到洪秀全刚好五百年。

可以从数学的角度进行分析。历史总是在发展，英雄人物不断涌现，这是客观规律。当时间区间足够大时，出现一个王者是很正常的。因为孟子并没有说刚好五百年出一个。

样本大了，各种情况都包含在内了。通俗的说法就是：林子大了，什么鸟儿都有。

思考和讨论

1. 请阅读下面几段材料，谈谈你对偶然性和必然性的看法。

材料 1：

围棋有黑子、白子。任意抓 3 颗，必有 2 颗颜色相同。

一个电梯里有 3 个人，目前只按了两个按钮。是不是能够肯定至少有 2 个人是去同一楼层呢?

这两个问题是如此的相似。但事实上，某些人习惯进入电梯后并不是马上按电梯，而是到了一定层数之后再按。也就是说，可能你正想确定“至少有 2 个人是去同一楼层”的时候，有人出手了。

生活中的事情常常如此。看似已成定局，但只要没有尘埃落定，常常会出现变数。

材料 2：

有人论证十进制如何科学，如何先进，十进制能从那么多进制中脱颖而出是历史的必然。

但也有人泼冷水：人类采用十进制不过是生理上的凑巧而已。

材料 3：

小说《三国演义》中诸葛亮上方谷火烧司马懿的故事是众所皆知的。为了火烧司马懿，诸葛亮运筹帷幄，精心布置。结果天下大雨，功亏一篑。从此留下千古名句：谋事在人，成事在天。

烧死司马懿，以诸葛亮准备之充分，似乎是必然的，因为计划没有破绽。下雨则是偶然，新的情况出现使得诸葛亮的计划落空。如果诸葛亮能多考虑一步：如果下雨怎么办，是不是要安排弓箭手伏击？那么司马懿就很难跑掉了。有人认为，司马懿跑掉，这是必然的，因为这是小说情节，司马懿不能死。现在的连续剧很容易让人猜到结局，也让人感到索然无味。

材料4：

喜欢下棋的人很多，对下棋的看法各有不同。

有些人非常希望能够提高自己的水平，常常反思为什么几步棋的变化，自己从优势转为劣势；面对对手的偶然失误，自己捡了便宜，也觉得没有多大意思。因为他们想的是如何提高水平，必然地赢对手，遇神杀神，遇佛杀佛。

而有些人则不然，以下棋为消遣。当对手，特别是水平高的对手偶然失误走错棋让他们赢了，他们觉得很高兴。事后还会跟人吹嘘：今天赢了某某。

材料5：

失之毫厘，谬以千里。

混沌理论中有一个著名的现象，叫做蝴蝶效应。通俗的说法是：一只蝴蝶拍动一下翅膀，有可能会是万里之外的一场飓风的起源。用学术语言来说，蝴蝶效应表明的是许多非线性体系的演化对初始条件的极端敏感性。

《易》有云：“君子慎始，差若毫厘，谬以千里。”

二者有相通之处。小误差引出大变化，这样的情形在数学中很容易见到。

譬如计算 $\tan 1.5\approx 14.10$，$\tan 1.57\approx 1255.77$，$\tan 1.5707\approx 10381.33$。

又如求解$\begin{cases}x_1+x_2=2\\x_1+1.0001x_2=2.0001\end{cases}$，得 $x_1=x_2=1$

而求解$\begin{cases}x_1+x_2=2\\x_1+1.0001x_2=2\end{cases}$，得 $x_1=2$，$x_2=0$。

系数的微小变化对解有如此大的影响，这让人感到惊奇。通常称这样的线性方程组为病态方程组。

2. 假设一只猴子在打字机键盘上随机按键，每次击键时，任何符号或空格键被敲击的可能性是相等的。打出字来，这是必然的。但要打出指定的字来，这就是偶然的了。

任何一本书的篇幅都是有限的，而所有的字母和数字的组合也是有限的。如果全世界的猴子都来打字，而且这些猴子长生不老，在打出一大堆杂乱无章的文字的同时，能不能打出一本书来呢?

看起来似乎是有可能的。以无穷对有限啊！请用概率的知识对此问题进行分析。（提示：这是概率论中零一律的研究内容）

第十章

举例子能证明几何定理吗
——演绎与归纳的对立与统一

归纳和演绎，是人类认识世界活动中广泛应用的两套思维方法。

它反映了人们认识事物的两条思维途径，前者是从个别到一般的思维运动，后者是从一般到个别的思维运动。

哲学认为，归纳和演绎非常重要，但各自也都存在一定的局限性，需要相互补充、相互转化。

在数学家的眼中，归纳和演绎的用处也各有不同。

拉普拉斯说：在数学这门科学里，我们发现真理的主要工具是归纳和类比。

高斯说：数学中的一些美丽定理具有这样的特性，它们极易从事实中归纳出来，但证明却隐藏得极深。

陈省身说：数学是一门演绎的学问，从一组公设，经过逻辑的推理，获得结论。

科学史专家休厄尔说：几何、理论算术和代数，这些学科除了定义和公理之外，没有其他原则，除了演绎以外，没有其他证明过程。但就在这一过程中，却已综合了简单性、复杂性、严密性和一般性，这一特征是不为其他学科所具有的。

归纳用于发现，演绎用于推理。这是相当普遍的看法。

能否用归纳法来推理呢？不是用完全归纳法，而是用不完全归纳法。

本章将介绍的例证法，就是寻找一些特殊情况来论证几何命题的正确性。

可以想象，例证法的出现，对数学哲学不会毫无影响。

在初中数学课上，老师让同学们用量角器测量三角形的三个角的角度，然后把三个角度加起来。这样测量过几个很不相同的三角形之后，大家会得出共同的结论：三角形的三个内角之和是 180°。

这样认识事物的方法叫归纳法。归纳法要求从大量事实出发总结出一般规律。我们看到鸡生蛋、鸭生蛋、麻雀生蛋、鸽子生蛋……便形成一种看法——所有的鸟都生蛋，这就是在应用归纳推理的方法。

当同学们得出“三角形内角和是 180°”这个归纳推理的结果之后，老师又反过来提出进一步的问题：你怎么知道你的结论一定可靠呢？你才测量了几个三角形，即使测量几万个三角形也不够呀！三角形有无穷多种，你仅仅测量了全体三角形中的极小极小的一部分，怎么能从这一小部分的性质推出全体三角形的性质呢？再者，你的测量不可能一点误差也没有，你怎么知道三角形的内角和一定是整整 180°，而不是 179.999°呢？

怎么办？老师告诉大家，可以用演绎推理的方法来证明这条几何定理。在几何学里，只有从公理和定义出发经过演绎推理而证明了的命题，才被认为是真理。归纳推理被赶出了几何的花园。

甚至可以说，归纳推理被赶出了数学王国。因为在数学中只承认演绎的证明。

10.1 例证法——用演绎支持归纳

那么，在数学中举例真的不能证明一般的命题吗？

中学里学了恒等式。等式

$$(x-1)^2=x^2-2x+1 \tag{10.1}$$

就是一个恒等式。

用 $x=1$ 代入，两边都得 0；$x=2$，两边都得 1；$x=3$，两边都得 4。

这样举了三个例子之后，能不能肯定式（10.1）是恒等式呢？

恒等式，要求 x 取所有数值时等号两边都相等。才验证了三个 x 的值，怎么能断定它一定恒等呢？

其实，这三个实例已经证明了式（10.1）是恒等式。道理是：如果它不是恒等式，它一定是二次或一次方程，这种方程不可能有三个根。现在 1，2，3 都是“根”，说明它不是方程而是恒等式。

在这个具体问题上，演绎推理支持了归纳推理。我们用数学上承认的演绎法证明了归纳法的有效性。

一般说来，代数恒等式的检验都可以用举例子的方法。不过，高次的和多元的等式，要用更多的例子罢了。

更为有趣的是，有些代数恒等式用一个例子也能解决问题。例如，在式（10.1）中取 $x=10$ 代入，两边都是 81，这就证明了它是恒等式。

为什么呢？

如果不是恒等式就可以整理成一个二次或一次方程

$$ax^2+bx+c=0, \tag{10.2}$$

而且 a，b，c 都是绝对值不大于 6 的整数。这是因为左边展开后至多只有 4 项，每项系数都是 ± 1，右端系数绝对值最大是 2。

如果我们用 $x=10$ 代入后，得到

$$100a+10b+c=0, \tag{10.3}$$

因而

$$|100a|=|10b+c|\leqslant 66, \tag{10.4}$$

可是由于 a，b，c 是绝对值不大于 6 的整数，所以必须 $a=0$。从式（10.3）得

$$10b+c=0, \tag{10.5}$$

因而

$$|10b| = |c| \leqslant 6, \tag{10.6}$$

所以又有 $b=0$，由式（10.3），也有 $c=0$，这证明了式（10.2）是恒等式。

这个方法也适用于检验高次的多变元的代数等式是不是恒等式。只用一个例子就可以。当次数越高，变元越多时，例子所涉及的数值就越大。

这些事实表明：在数学王国的某些角落里，归纳法可以有效地证明一般性的命题，甚至可以用一个特例证明一般的命题。归纳法的这种力量，是由演绎推理证明的。

但是，代数恒等式在数学史上，远不如初等几何证明题那样受人青睐，那样丰富多彩，那样魅力无穷。正是在初等几何领域，演绎推理树立起了自己的威望，成为人所共知的绝对统治者。归纳法的效力，能不能在这里发挥作用呢？传统的看法是否定的。但是，20 世纪 80 年代以来，中国数学家的工作在这里揭开了新的一页。

10.2 几何定理也能用例子证明

用举例的方法证明几何定理的研究，属于几何定理机器证明这个在近几十年开始活跃起来的数学领域。

用机器证明数学定理，是历史上一些杰出的数学家与哲学家梦寐以求的事。

数学问题大体上有两类，一类是求解，一类是求证。我们熟悉的求解问题很多：解方程、解应用题、几何作图、求最大公约数与最小公倍数。我们熟悉的求证问题，大多是初等几何证明题，还有证明恒等式，证明不等式。

中国古代数学研究的中心问题是求解。把问题分为若干类，分别给出解题的方法。这方法是一系列确定的步骤，谁都可以学会。会一个方法，便能解一类问题。《九章算术》就是这么做的。

用一个固定的程序解决一类问题，这就是数学机械化的基本思想。追求数学的机械化方法，是中国古代数学的优秀传统之一。

在西方，以希腊几何学研究为代表的古代数学，所研究的中心问题不是求解而是求证，是从公理出发用演绎推理方式证明一个个定理。而证明定理的方法，则是一题一证，各具巧思，无一确定的法则可循。证明的成功有赖于技巧与灵感。

能不能找到一种方法，像解方程那样，按固定法则证明一批一批的几何定理呢？

17 世纪法国的唯理论哲学家、发明了解析几何的数学家笛卡儿，曾有过一个大胆的设想：

“一切问题化为数学问题。一切数学问题化为代数问题。一切代数问题化为代数方程求解问题。”

笛卡儿想得太简单了，如果实现了他的计划，一切科学问题都可以机械地解决了，因为代数方程求解是有机械法则的。

但是笛卡儿总算用坐标方法——解析几何的方法，把初等几何问题化成了代数问题。

比笛卡儿稍晚一些的德国唯理论哲学家、与牛顿同时创立微积分的数学家莱布尼茨，曾有过“推理机器”的设想，希望用一台机器代替人的推理活动。当人们争论得面红耳赤相持不下的时候，不妨心平气和地坐下来，让机器演算一遍以确定是非曲直。莱布尼茨还真的设计过计算机，他的努力促进了数理逻辑的研究。

20 世纪的数学大师希尔伯特，在他的名著《几何基础》一书中，也曾提出过一小类几何命题的机械判定方法。

“第二次世界大战”以后，电子计算机的出现大大促进了定理机器证明的研究。经过许多出色数学家的辛勤耕耘，这个领域有了蓬勃发展。各国数学家先后提出过几种用机器证明初等几何定理的方法——这是数学家们长期以来就想实行机械化的领域，但是都不能在计算机上真的用来证明非平凡的几何定理。一直到杰出的中国数学家吴文俊院士在 1977 年发表他的初等几何机器证明新方法之后，在电子计算机上证明初等几何定理才成为现实。一个古老的梦想开始实现了。用吴氏方法已在计算机上证明了600多条不平凡的几何定理，其中包括一些新发现的定理。

吴氏方法的基本思想是：先把几何问题化为代数问题，再把代数问题化为代数恒等式的检验问题。代数恒等式的检验是机械的，问题的转化过程也是机械的，整个问题也就机械化了。

既然几何证明问题可以化为代数恒等式的检验问题，而在前面又刚刚提到过可以用举例的方法检验代数恒等式，那是不是意味着有可能用举例的方法来证明几何定理呢？

吴氏方法鼓舞了这个方向的研究。在吴氏方法的基础上，洪加威于 1986 年发表了一项引起广泛兴趣的研究成果：对于相当广泛的一类几何命题，只要检验一个实例便能确定这条命题是不是成立。

特例的检验，能代替演绎推理的证明！

要检验特例，就要在计算机上作数值运算，而计算机总是有误差的。本来要证明一个式子恒等于 0，计算机却告诉我们结果是一个绝对值不超过 0.0000000001 的数。它是不是真的是 0 呢？这个问题原则上也被洪加威解决了。他证明：用带有误差的计算可以满足我们要求准确结果的愿望。在一定条件下，计算出的结果的绝对值小到某个程度，就一定是 0。

特殊中包含着一般，误差中包含着准确，这不但回答了本章一开始时提到的那位老师的两个问题，而且具有更深刻的哲学意义。

但是，洪加威要的那一个例子，不是随手拈来的例子，它要满足一定的条件，才具有一般的代表性。对于非平凡的几何命题，这例子往往涉及大得惊人的数值计算。为了使洪氏方法在计算机上实现，尚待进一步的努力。

洪氏方法揭示了一般与特殊在一定条件下的统一性，然而还不是演绎与归纳的统一性。传统的归纳推理方法，不是去构造或找寻某个具有普遍意义的“通用”特例，而是从大量普通的俯拾皆是的例子里总结出一般论断。能不能用一些平常的、易于检验的例子证明几何定理呢？

在吴氏方法的基础上，张景中、杨路提出了另一种举例证明几何定理的方法。按照这种方法，为了判定一个（等式型）初等几何命题的真假，只需检验若干普通的实例。例子的数目与分布方式可以根据命题的复杂程度用机械的方法确定。用张杨方法，确实能在微机上，甚至在功能普通的袖珍计算机上证明非平凡的几何定理。

例如，初等几何中有一个著名的费尔巴哈定理："三角形的九点圆与它的内切圆、外切圆相切"（所谓九点圆，是指三角形的三边中点，三高的垂足和三顶点到垂心连成的线段的中点这九个点所共的圆）。这个定理的证明不是很容易的。按照张杨法，为了判定它是不是成立，只要检验 289 个例子。检验这 289 个例子在 PB-700 袖珍机上仅用了 15 分钟，在 AST-286 微机上用 42 秒就可以了①。

用这种方法还能发现新定理。例如，有一个球面几何的新定理：如果球面三角形面积是球面面积的 1/4，则三角形三边中点构成一个球面上的正三角形。不等边三角形三边中点居然可以构成正三角形，这有点使人惊奇。这个命题的判定需检验 66 个例子，在 PB-700 机上用 150 秒、AST-286 机上仅用 1 秒多钟就能完成。可以说，这是用"归纳法"证明的一条新的几何定理，说不定它是第一条用"归纳法"证明的定理。因为迄今为止的几何定理，都是用演绎法证明的。

初等几何，是演绎推理取得统治地位的最古老的王国，也是历史上演绎与归纳分道扬镳的三岔口。现在，归纳法也来分享这个古老王国的"政权"了，是演绎推理证明了归纳推理在这里的权利。演绎在这里支持了归纳，这是理所当然的。当初这个王国的建立，本来有归纳的功劳。几何公理是不能用演绎法证明的，演绎法所用的形式逻辑也是不能用演绎法证明的，这是人类经验的结晶，是归纳的结果。

顺便提一句，举一些例子证明几何定理，举的例子不仅要够一定的数目，而且要有一定的分布方式，这正是归纳法的倡导者培根所要求的：要广泛收集材料，收集不同类型的材料。它的有效范围是它从中引申、归纳出的那些事例的范围。张杨法所要求的这一组例子的分布形式，足以保证概括了命题的论域，代表

---

① 这是 1989 年的实验数据。

了广泛的一般情形。

10.3 进一步的思考

一个数学命题往往涉及无穷多的具体对象。例如，关于变元 x 的恒等式涉及 x 的无穷多个值，关于三角形的一条定理涉及无穷多种彼此不相似的三角形。例证法意味着：在这无穷多个对象中选择有限部分加以检验，即可确定某些命题的真假。这多少有点令人吃惊。

然而更多地想一想，也有道理。试考虑一个数学系统中的若干命题，命题涉及的对象组成的集合叫论域，例如，关于三角形的命题，其论域就是三角形的集合。任给一个命题，便可从论域中分出一个子集——它的元素是那些满足命题结论的对象，称这个子集为命题的特征集。命题是用符号语言的有穷列表达的，它是可数无穷多，故命题的特征集是可数的。可是论域的子集是不可数的——如果论域是无穷集。可见，命题特征集仅仅是论域子集的极少极少的一部分。这表明命题特征集的构成有很强的规律性，它们的元素之间有密切的关联。也许正是这些关联，使“归纳法”在数学的某些领域变得有效。

但是这一切仅仅是开始。能不能把“归纳”用于更大的范围，尚需作艰难的研究。不过，缺口已打开了，归纳与演绎之间本是一条鸿沟，填平鸿沟也许是不可想象的，现在鸿沟上有了小小的一道桥梁，总算可以跨过去了。

归纳法广泛用于自然科学的研究，特别是物理学的研究。科学家总是从有限次实验与观察中作出关于无穷多对象的判断，结果常常是对的。这也许可以从例证法得到一点解释，很可能科学家所观察到的对象之间的关联，可以用代数恒等式或更广泛一点的解析恒等式表达。这正是例证法已经被证明成立或有可能被证明成立的领域。这点解释当然不是很有力量。不过，无论如何，总有了解释的可能。

例证法利用了命题涉及的对象之间的关联性。一个 n 次的一元代数等式，如果对变元的 $n+1$ 个值成立，则它对所有值成立。这不妨叫做变元取的值之间的代数关联性。我们还可以找到别的关联性，如拓扑关联性。一个连续的函数如果在某一点不等于0，在这一点附近的某个小邻域也不等于0，而小邻域中有无穷多个点。这表明，检验了一点的性质，也就了解了无穷多个点的性质。从这个角度，又增加了对归纳推理方法的支持，这也是在数学中扩展例证法适用领域的途径之一。随着数学的发展，人们有可能发现更多的关联性，为归纳法提供更多的理由。

为了获得知识，认识真理，究竟应当用什么方法，归纳，还是演绎？这在西方哲学史上有过激烈的争论。

古希腊哲学家，多推崇演绎推理，这大概是因为当时最发达、最系统的科学只有几何学。亚里士多德对逻辑学进行了系统研究，写出了论述“三段论”推理方法的名著《工具论》。到了中世纪，亚里士多德被经院哲学家奉为绝对权威，他的逻辑学成了经院哲学家们进行神学思辨的基本方法，从词句到词句，从原理到原理，产生不出真正的知识。从亚里士多德时代到17世纪的2000多年中，欧洲的科学发展十分缓慢。

随着资本主义生产关系的成熟与自然科学的发展，在英国出现了以培根、霍布斯、洛克为代表的唯物主义经验论哲学学派。培根特别反对仅仅靠演绎推理的三段论来获取知识。他说亚里士多德的《工具论》是“疯狂手册”，是在很少事实基础上建立起来的蜘蛛网，这样得到的知识既不可靠又无用处。培根写了一本名为《新工具》的书系统阐述归纳推理的方法，认为归纳法以科学实验、经验事实为基础，是切实可靠的获得知识的方法。

差不多同时，欧洲大陆出现了以笛卡儿、莱布尼茨、斯宾诺莎为代表的唯理论哲学派别。他们认为感觉经验是不可靠的，数学演绎的方法才是有效的方法。例如，笛卡儿指出：事物远看就小，近看就大，说明感觉不能确实地认识世界。莱布尼茨认为，要认识一个普遍的真理，例子再多也没有用。事实的真理靠归纳经验得来，是偶然的、个别的。推理的真理靠演绎得来，靠逻辑的必然性得来，才是必然的、普遍的。斯宾诺莎更推崇演绎法，用几何学的体例写出了他的《伦理学》。他确信哲学上的一切问题，都可以用几何的方法加以证明。

经验论重视感性认识，提倡归纳法；唯理论重视理性认识，提倡演绎法。两派在理性与感性的关系上展开了长期的、反复的争论。争论结果是双方观点互相补充，逐渐接近。

现代西方哲学中的逻辑实证主义，试图将演绎与归纳统一起来，作了一些有意义的新探索。他们把真理分为经验真理与逻辑真理，认为经验真理是或然的，逻辑真理是必然的，两种真理都是有意义的。归纳与演绎分别是获得两种真理的方法。

继逻辑实证主义而兴起的批判理性主义，则猛烈地反对归纳法，认为从个别的、具体的经验事实，不能得出普遍的、必然的科学真理；从过去不能推知未来，所以归纳原则是站不住脚的。他们因而得出结论：科学知识不是真理，只是猜测；理论不能证实，只能证伪。靠什么证伪呢？靠演绎推理方法。

总的来说，现代西方哲学在认识论上既倾向于否定归纳法，又认为演绎推理的方法有其局限性——它的逻辑功能只能把真理从一个陈述中传递到另一个陈述中，这种传递原则上不增加任何新的关于自然界的知识。这就不可避免地在认识论上走向相对主义，认为真理是相对的，存在是相对的，历史是偶然的，世界是不可认识的。

数学的新成果表明：归纳与演绎是对立的统一。认为归纳推理毫无根据是不充分的，因为在初等几何范围内已证明了归纳的有效性；认为演绎推理不能使我们增加新知识也是不确切的，因为演绎推理揭示出事物的内在联系，使我们看到现象背后的本质，增加了我们的新知识。

归纳与演绎，是人类认识世界的两种基本方法，它们相互支持，相互补充，使我们越来越接近真理。

阅读材料

10.4　验证三角形内角和定理

在讲授几何证明时，几乎所有的中学教材都要引入一段材料“能否通过有限次测量，证明三角形内角和的度数等于 180°”，教材对此持否定态度，因为教材编写者的意图就是为了引出演绎推理。但归纳推理为何不行？教材语焉不详。

20 世纪 80 年代，中国科学家的研究表明：可以通过有限次测量，证明三角形内角和的度数等于 180°；甚至可以通过验证一个三角形的内角之和为 180°，就断言所有三角形的内角之和都为 180°！证明如下。

首先把几何问题代数化。如图 10.4-1 所示，建立坐标系，设△ABC 的三顶点坐标为 A（0，0），B（1，0），C（u_1，u_2）。取 BC 的中点 M，延长 AM 至 D，使得 $DM=AM$，则∠DCB=∠CBA。取 AC 的中点 N，延长 BN 至 E，使得 $NE=NB$，则∠ECA=∠CAB。于是要证明的命题转化为：∠ECA+∠ACB+∠DCB=180°，也就是 D，C，E 三点共线。

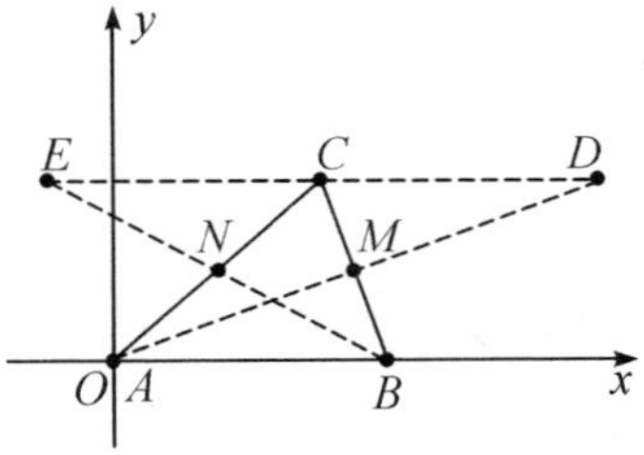

图10.4-1

设 M（x_1，x_2），N（x_3，x_4），D（x_5，x_6），E（x_7，x_8），则命题的假设条件为 H：

$f_1=2x_1-(u_1+1)=0$，$f_2=2x_2-u_2=0$，（方程 f_1，f_2 表示 M 是 BC 的中点）

$f_3=2x_3-u_1=0$，$f_4=2x_4-u_2=0$，（方程 f_3，f_4 表示 N 是 AC 的中点）

$f_5=x_5-2x_1=0$，$f_6=x_6-2x_2=0$，（方程 f_5，f_6 表示 AM 延长一倍到 D）

$f_7=x_7-2x_3+1=0$，$f_8=x_8-2x_4=0$。（方程 f_7，f_8 表示 BN 延长一倍到 E）

而要证明的结论是 D，C，E 共线，即 C：

$$g=(x_5-u_1)(x_8-u_2)-(x_7-u_1)(x_6-u_2)=0。$$

问题一共涉及 10 个变元。其中 u_1，u_2 可任意取值，叫做自由变元，一旦

u_1，u_2 定了，$x_1 \sim x_8$ 都可以由条件 H 定下来，所以 $x_1 \sim x_8$ 叫做约束变元。利用条件 H 解出 $x_1 \sim x_8$ 代入 C，可以得到关于 u_1，u_2 的多项式 G（u_1，u_2）。要证明条件 H 之下有结论 C，也就是证明 G（u_1，u_2）恒等于 0。无须计算，也可以看出 G 关于 u_1，u_2 的次数都不超过 1，于是只要在 u_1，u_2 的一个 2×2 的格阵上检验 G 是否为 0 即可。这个格阵可取（0，0），（0，1），（1，0），（1，1），立刻可以算出 G 在这几组数值下为 0。事实上，对于（u_1，u_2）＝（0，0）＝（1，0）根本不用算，因为此时 A，B，C 三点共线，结论显然；而在（u_1，u_2）＝（1，1）和（u_1，u_2）＝（0，1）这两种情形下得到的$\triangle ABC$ 是全等的。因而只要对（u_1，u_2）＝（0，1）做检验即可。把 $u_1=0$，$u_2=1$ 代入 H，得 $x_8=1$，$x_6=1$，$x_7=-1$，$x_5=1$，代入 C 得 $g=0$，这就完成了命题的证明。

这表明，只要检验 4 个三角形（实质上是一个），便足以证明三角形内角和定理！

10.5 精确数学和近似数学

数学是一门充满着思辨和理性的科学。古代的人们从具体事物中抽取出自然数，并发展到分数，这是人类认识史上的一次飞跃。进而认识到还存在类似$\sqrt{2}$的无理数以及更加“无理”的超越数 π，这又是认识上的巨大飞跃。这些成果的取得，都不是直观感受得来，而是靠理性思辨。

对于越来越抽象的数学，有人表示质疑：数学书上说线段上有无数个点，但为什么用笔很容易就可以“点满”一条线段呢？如果说我用笔画的不是点，那么数学中的点到底存在么？我们毕竟生活在现实生活中。

对于这样的质疑，我们不要轻易否定它，更不要觉得好笑或是无聊，而是应该积极地去面对，去解决这一问题，因为这是一个很有意义的问题。

不少数学家对此提出了自己的看法。笛卡儿认为欧氏几何过多研究一些非常抽象但实用价值不大的问题，我们应该把几何的范围扩大一点，譬如比欧氏尺规更复杂的作图工具，只要它能够满足机械学的需要，就应该视为跟欧氏尺规有同样的精确性，它们作出的图形应该和圆与直线一样有资格成为几何的对象。甚至目前的工具不能作出的曲线也应该被纳入几何中。

数学家 F. 克莱因认为，数学科学是一个有机整体，包括精确数学和近似数学两部分。近似数学是数学运用于实际的那部分，精确数学是近似数学赖以建立的坚实框架。必须从精确数学中区分出那些对实用没有直接意义的东西，譬如无理数概念、有公度与无公度的区别等。至于所谓的几何作图三大难题，当然都属于精确数学。

F. 克莱因强调，不要因为近似数学的名称而降低它的地位。近似数学不是近似的数学，而是关于近似关系的精确数学。理想中的数学追求精确，而现实中的需要则讲求实效。这两者之间存在分歧。应研究精确数学和近似数学之间的相互作用和区别，消除二者的分歧，使数学重新成为完整和谐的科学。

F. 克莱因作为几何学大师，将精确数学和近似数学的概念在几何学中进一步具体化。我们所能使用的并不是精确几何，而是近似几何，不能忽视它的存在。考虑到这样的称呼可能会导致某些人对近似几何的轻视，所以有必要换个说法。将精确几何称为抽象几何，近似几何称为实用几何。

抽象几何规定：点没大小，线有长无宽，两点决定一条直线，两相交直线决定一个点。

实用几何规定：一个点是一个实体，它的范围小得可以忽略。一条曲线（包括直线）是一条带，它的宽与长相比可以忽略。两点决定一条连线，两点距离越远，连线被确定得越准确；若它们紧紧靠近，这条直线就很难确定。两相交直线决定一个点，它们的夹角越接近直角，交点就确定得越准确；夹角越小，交点就越不准确。

抽象几何从公理出发，而这些公理以绝对的形式出现，对于实用几何，这些公理只能近似适用。实用几何是我们在处理具体空间关系（譬如作图、度量）所用到的几何。抽象几何以实用几何为基础，不断抽象和发展，但最终抽象几何的结论要应用于实际生活中。

10.6 例证法与动态几何

了解例证法的思想，对判断几何题的结论很有好处。

有经验的解题者解几何题，总是先将动点固定在某一些特殊位置，以此来猜测结论，虽不是百试百灵，但正确率颇高。这种方法常被称为特殊值法。特殊值法和例证法有相通之处，但特殊值法对所取特殊值的多少和分布缺少研究。

20 世纪 80 年代，随着计算机的发展，动态几何软件应运而生，并不断发展。动态几何软件最大的特点就是在运动中保持最初设置的几何性质不变。譬如中点仍是中点，那么我们作好三角形及其三条中线之后，改变三角形的形状大小，发现三角形三条中线始终交于一点。又如作好$\triangle ABC$，测量三个内角并相加，改变三角形的形状大小，发现三角形三个内角不断改变大小，但内角和始终等于 $180°$。能否就此下结论：三角形三条中线交于一点，内角和为 $180°$呢？还不行，因为计算机的作图和测量都是有误差的，是否在误差范围内，这需要进一步研究。我们猜想：只要计算机作图和测量达到相当的精度，结合动态几何的功能，就能通过作图来判定几何命题的正确与否。

目前，我国主要使用的动态几何软件是“超级画板”和“几何画板”。实践表明，它们确实能极大地帮助我们学习和研究几何问题。

思考和讨论

找一些几何题或自己设计一些几何图形，尝试使用动态几何软件（如超级画板、geogebra 等）来做数学实验，提出猜想。查找资料或请教对几何比较熟悉的人对你的猜想进行检验。

第十一章
计算机正在改变数学

人不是机器。

这句俗语通常被用来说明人需要休息，而机器则会不眠不休地干下去。

把烦琐沉重的活交给机器，人可以解放出来做更灵巧的富于创造性的工作。体力劳动如此，计算机出现后脑力劳动亦如此。

计算机科学技术迅速发展，机器的智能化程度越来越高。但你要和谁说，计算机能解数学题，而且所给解法和人给出的解法相似或更简洁优美，这是很难令人相信的。世界上研究机器推理的一流学者，曾经普遍认为这是不可能的。

因为推理是人独有的高级智慧。

人通过推理，可以由此及彼，由表及里，去粗取精，去伪存真。

那么人能不能把这智慧赋予计算机呢?

计算机是人的学生。它的本领是人教的。它是笨学生，不教不会。但它又是好学生，会牢牢记住你教给它的方法，一丝不苟地按你写好的程序去做。如果你循循善诱，它就能青出于蓝。

计算机的发展，特别是机器证明的出现，给数学和哲学带来的影响是巨大而深刻的。

具有高级智慧的机器人，离我们还有多远?

相传，古代托勒密王曾向欧几里得请教学习几何的捷径，欧几里得直率地说：几何无王者之路!

初中数学大致分为代数和几何两部分。代数问题的求解通常是比较规范的，按照一定的步骤依葫芦画瓢即可，关键是计算不出错；而几何则不同，难度稍大的题目，往往无从下手，好似羚羊挂角，无迹可寻。辅助线从何而来，要么是妙手偶得之，要么是千锤百炼得来。

计算机的发明，是为计算而来，它的名字就可以充分说明这一点。不管计算机将来如何发展，如何智能化，高速的计算能力始终是计算机的根本。

为计算而发明的计算机，能够证明几何定理么?前面一章，我们介绍的例证法算是一种，因为计算量很大，大多数情况只能借助计算机来完成。除此之外，还有别的什么方法吗?答案是肯定的。用机器证明的数学定理中，最为人津津乐道的当属四色定理。

11.1　四色定理的机器证明

四色定理最先是由一位叫古德里的英国大学生提出来的。德·摩尔根 1852 年 10 月 23 日致哈密顿的一封信提供了有关四色定理来源的最原始的记载。他在信中简述了自己证明四色定理的设想与感受。

四色问题的内容是：“任何一张地图只用四种颜色就能使具有共同边界的国家着上不同的颜色。”用数学语言表示，即“将平面任意地细分为不相重叠的区域，每一个区域总可以用 1，2，3，4 这四个数字之一来标记，而不会使相邻的两个区域有相同的数字。”

100 多年以来，数学家们为证明这条定理绞尽脑汁，所引进的概念与方法刺激了拓扑学与图论的发展，但一直没有得出证明。

1976 年，美国数学家阿佩尔与哈肯借助电子计算机，用了 1200 个小时，作了上百亿次判断，终于完成了四色定理的证明，轰动了全世界。美国为此发行了一枚纪念邮票，上面写着“四种颜色就够了”。

当一些数学家为一个高难度的定理得到解决而庆祝时，更多的数学家却对计算机给出的证明表示质疑。质疑的理由有二。

一是对于相当多的定理证明，特别是那些被称为“下金蛋”的数学问题，最重要的意义不在于论证最终的真假，而在于求证过程中不断地发现新方法。

二是计算机凭借高速计算能力作出的所谓证明，数学家无法人工检验，谁知道中间会不会出错呢。

新事物的产生和发展，往往不是一帆风顺的。

在计算机还没发明的时候，就有数学家提出机器证明（设计一种机器代替人推理）的设想，这遭到了很多数学家的反对。数学大师庞加莱认为：“你可以将牲畜赶到机器的前端，机器将其宰杀后储存成罐头输出。难道你可以把定理的条件送到机器的前端，机器自动输出结论么？这实在是不可思议！”

而在四色定理机器证明之后，反对声仍然强烈。有评论认为：机器证明破坏了数学的优美。一个好的数学证明应当像一首诗——而这纯粹是一本电话簿！

普林斯顿数学教授约翰·康威在接受《纽约时报》采访时说：“我不喜欢它们（计算机证明），因为你不知道究竟发生了什么。你不能从中获得任何新的见地。”

持这种观点的数学家并不是个别的，他们认为：如果一个难题被一种新方法解决了，这是一件了不起的事情。但是如果解决的方案只是现存方法的反复使用，那只能证明解决者的聪明而已。这不利于数学的发展。

还有人指出：传统数学研究四色定理，虽未获得最终成功，但促进了某些数学分支的发展（主要是图论、拓扑学等）；而机器证明四色定理结论是对的，又能怎么样呢？只得到没有灵魂的空壳而已。因为四色定理本身的意义并不大。现在数学界普遍承认五色定理了，但世界上绝大多数的地图颜色都超过 5 种。因为除了考虑颜色种类最少，现实生活中还有其他的考虑。

但是，机器证明四色定理毕竟丰富了我们的知识。以不能产生新方法为理由就拒绝承认，是说不过去的。用机器作为数学研究的辅助工具，这本身就是新的方法。

从历史上看，工具对数学的发展有重大的影响。筹算和珠算无疑推进了位置计数法和相应的计算系统的发展；圆规和直尺的使用不但推动了几何作图的研究，而且对近世代数的产生也有深远影响。计算机能够计算，能够作图，也应当能够推理。事实上，在计算机出现之前，数学家已经论证了推理化为计算的可能。

计算机的能力远远超过筹算、珠算、圆规和直尺的总和。数学家有了这样强大的工具，数学的面貌自然会有深刻的变化。

11.2 计算机证明的定理可靠吗

机器证明是否可靠，如何检验，这确实是一个问题。

不过，人工证明也要面对这个问题。

当代的数学有些已经很复杂。有些数学定理的证明超过百页，这使得审稿成为异常艰辛的工作。

以代数中著名的有限单群分类定理为例。确切来说，这不是一个定理而是一组定理。它的证明由500篇论文组成，总页数超过1万页。世界上恐怕没有人认真地把这个证明从头到尾读过，更别说验证其正确性了。这样冗长的证明使不少数学家怀疑其中会有错误。对此，在该定理的最后证明中起重要作用的阿施巴赫尔评论道："一方面，当证明长度增加时，错误的概率也增加了。在分类定理中出现错误的概率实际上是1。但是另一方面，任何单个错误不能被容易地改正的概率是0。随着时间的推移，我们将会有机会推敲证明，对它的信任度必定会增加。"

前苏联数学家彼得洛夫斯基院士，在常微分方程定性理论方面有一个著名的结果。而这个结果在多年后被中国的一位研究生用反例推翻了。

前苏联另一位专家关于钢管校直机械有一个著名公式，这个公式被写入了教科书，还获得过国家大奖。中国的一位技术员在实践中发现，按此公式设计的前苏联设备废品率偏高，于是向一位数学教师请教，最后发现了这个公式推导中有错，于是他改进了机器的设计，因而获得好的效果。这位技术员因此获得国家发明一等奖。

人工证明都会出错且难以检验，又何必苛求计算机呢?

何况，计算机科学已经证明，有这样的定理，它的最短的证明也会很长很长。例如，可以超过十万页，也可以超过百万页。

尽管如此，大家还是希望计算机能够干得更出色，更可信。

计算机得出的结果，有些是容易检验、容易令人相信的。

例如，把某一个很大的整数分解为两个大于1的整数的乘积，这是破解一类密码的关键任务。大型高速计算机工作几个月才能分解一个整数，而人只要几分钟就能检验结果是否正确。

类似地，计算机算出来的方程的解是否正确，也不难检验。

但定理证明是另一回事。如上一章所述，对于计算机用十万个例子证明了的一条几何定理，我们会有什么想法?

与此类似，对于用代数方法经过成百上千项的多项式计算而证明的几何定理，我们会有什么想法?

我们可以相信这条被计算机宣布成立的定理。前提是计算机的硬件是可靠的，计算机的操作系统是可靠的，机器证明软件的程序是可靠的，程序依据的算法和理论是可靠的。

算法和理论的可靠性，通过学习和讨论，不难确认。

其他几种可靠性，可以经过大量实践验证。

譬如让另外一批人，用另外的算法编程，用另外的机器运行，假如推导出来的结论与之一致，那么可靠性就得到了增强。因为一个定理反映一个客观事实。这个事实不会因发现的人的不同而改变，同样也不会因为证明程序的不同而改变。

这样做，从哲学上看，是不是改变了数学真理的性质呢?

另一种方法，是计算机给出人工能够检验的证明。

1976 年，吴文俊院士发表了检验几何命题的有效的机械化方法。吴氏方法的成功激起了几何定理机器证明的研究热潮。到 1992 年，基于几何不变量的消点方法的出现，实现了几何定理可读证明在计算机上的自动生成。这一工作被国际同行誉为计算机处理几何问题的里程碑。

伴随着计算机技术的进步，直到 1996 年出现的基于前推模式的“几何信息搜索系统”，成功地证明了上百个非平凡的几何命题，收到了良好的效果。

人们对机器证明的反对，多半集中于它的烦琐和不可检验。一位反对机器证明的数学家说：数学的光荣，便在于它现有的一切证明方法，都是脉络绵密，层次分明，就像天衣无缝，出不了差错的。而使用计算机则有可能出现人无法检验出来的差错，而这差错可能是致命的。

现在已经实现的几何定理可读机器求解，其解答推理过程的简洁优美可以与人工解答媲美。虽然解决的只是一小类数学问题，远没有达到解决四色定理、哥德巴赫猜想一类难题的水平，但至少说明了机器证明和人工证明之间并没有不可逾越的鸿沟。人类的创造力再一次得到展现。

国外还出现了一些人机交互的计算机推理系统，如 Coq，Otter，Roo 等。这些系统能够用来进行不同的数学领域的推理，其所生成的证明类似于数学家的工作。

人可以进行很复杂的推理，这是其他动物不具备的智能。人通过推理，可以由此及彼，由表及里，去粗取精，去伪存真。自动推理在人工智能中是极其重要的。

对于人类面临的很多难题，既然单个群体无法解决，那我们齐心协力一起解决不是很好么？数学家提供理论基础，计算机科学家设计算法并编程实现，而物理学家和工程师们则要保证计算机本身的稳定性。

我们坚信，机器证明不但不会像有些数学家担心的那样“使数学走向衰败”，还将使数学家摆脱大量的烦琐的机械计算和推理，把节省下来的时间和精力用于更加富有创造性的工作中去。

11.3 数学和计算机共同发展

数学和计算机都在以前所未有的速度发展着。

计算机的出现，改变了数学家的工作方法，提高了数学家工作的效率。数学家把大量机械性、重复性的劳动交给计算机，自己可以从事更抽象、更富于创新精神的思考。计算机计算作图的结果，增强了数学家的预见能力，引导数学家发现有意义的问题和现象。

计算机的出现，促使新的数学分支的诞生。计算数学、计算几何、计算机代数、计算复杂性、计算可靠性、机器证明、计算机作图、动态几何……与计算机血肉相连的分支应运而生。有些分支在学科上表面归于计算机科学，其本质仍是数学。

计算机的出现，开始改变人们对数学的看法，促使数学实验和实验数学的出现。用计算机做实验，发现了大量有趣的数学现象，如分形、混沌、分岔等许多过去想得到但看不到或者想也想不到的东西。这些东西使数学家大伤脑筋又大开眼界。有人惊呼，数学越来越像实验科学了。

计算机科学就好比是数学科学的孩子。虽然这个孩子长大了，搬出去住了，但身上始终流着母亲的血液，仍然从母亲这里汲取着养料。

数学也并没有白养这个孩子。在计算机产生和发展的过程中，数学也同时得到发展。而在计算机发展成熟之后，它又推动着数学飞速地向前。计算机成为数学研究的工具已是大势所趋，不可阻挡了。

计算机一直被认为是数学家最引以为豪的发明。既然现在最好的计算机可以在比赛中打败世界象棋冠军，那么，未来的计算机也应该能够解出难倒了最伟大的数学家的数学难题。倘若真的有那么一天，“母亲”绝不会因为“孩子”的超越而郁闷，而是会为“孩子”的成就由衷地高兴。

我们甚至可以设想到了那一天，每一个数学家都是计算机高手，而机器证明和人工证明也可以很好地转化；当数学家向杂志社投稿时，审稿人甚至会问：你的证明经过计算机验证了吗?

那时候，莱布尼茨之梦①才算真正实现。数学从此有了王者之路!

阅读材料

11.4 《九章算术》的算法思想

国外从事机器证明研究，都是从数理逻辑出发。而吴文俊院士开创的数学机械化中国学派则是从中国古代数学中汲取营养。

中国古代有一部书，叫做《九章算术》，它把当时人们关心的数学问题分成九类，比方说计算体积、计算面积等，并对这九类分别给出解答。它给出的解答是机械化的，无论是数学水平高的或是低的，只要学了这个方法，按照方法操作就一定能够找到问题的答案；而自动推理的基本思想就是希望对一类一类的问题分别给出一个一个确定的、能够机械地执行的解决方案。

据此，吴文俊院士认为，算法思想是从中国古代数学中产生的。西方的数学，基本上源于古希腊的几何，它提一些公理，提一些假设，根据这些假设，看能证明什么，一个一个定理地做。中国古代没有提出一般的假设，没有提出公理系统，只提出很多问题，针对每个问题，找出解答的方法。当然，这两种方法在学术上讲，对科学的发展各有长处。从一段时间看，中国没有公理系统，科学的发展是受到了影响的，吃了亏的。现在有了计算机，中国古代的算法思想、自动推理的思想、机械化的思想，又重新发扬光大起来。②

11.5 几何信息搜索系统简介

几何题有计算题、证明题，还有作图题。它们各有特点，但又是相通的。2000多年来，人们积累了丰富的解几何题的经验、技巧和方法。这些有待教给计

---

① 将人的理性还原为计算，并且有强大的机器能够执行这些计算。

② 吴文俊. 王者之路——机器证明及其应用 [M]. 长沙：湖南科学技术出版社，1999。

算机的解题本领，大体可以分为四类：检验、搜索、归约和转换。

计算和作图都要有个道理。讲清楚道理就是证明。古希腊人研究几何最讲究证明。中国古代的几何学则讲究计算，把画图和推理都归结为计算，叫做寓理于算。计算、作图和证明，问题的形式不同，却也有相通之处。三类问题的前提，都可以用几何图形来表示。证明可以转化为计算。要证明两条线段相等，只要算出两者的比为 1 或差为 0 就行了。要说明计算是准确的，作图过程是合理的，归根结底要证明。三类问题在解决过程中都要推演论证，推演论证所用的规则又是一致的。这就是三者的相通之处。

要问计算机如何解几何题，就得先看人如何解几何题。当然，人和人不同，应该说要看几何学家如何解几何题。几何学家拿到一道几何题，有哪些高招呢？

第一，要画画看看，量量算算，看题目出得对不对，合理不合理。不合理就不做下去了。这叫做检验。

第二，根据条件，参照问题，试着东推推，西试试，推出来的东西有用没用先记下来。这样或许就解决了问题。解决不了，再想别的出路。说不定记下来的材料还有用。这叫搜索。

第三，搜索不出来，还可以抓住问题的目标（待证的结论、待求的几何量或待作的点与线），分析计算，化简条件，消去中间的参数或几何元素，力求水落石出。这叫归约。

第四，当上述常规的方法不能奏效时，人的智慧和灵感就成为取胜的源泉了。或用反证法、同一法，或加辅助线，或对部分图形作平移旋转，总之是改变问题的形式，以求化繁为简。这叫转换。

计算机解题靠人教。人会解一道题，把方法教给计算机，计算机就会解这道题。这道题中的数字换成字母，成了更一般化的一个题型，把处理这个题型的窍门教给计算机，计算机就会解这个题型的题。人掌握了一类题目的规律，把这规律总结提炼成有章可循的算法，实现为程序，计算机本领就更大，会解这一类题了。人掌握了方法，推演计算论证烦了或者累了，容易走神出错；甚至时间长了，所掌握的方法遗忘了都有可能。但计算机一旦学会一套方法，就不会忘记，也很难出错，做得飞快。

几千年来，人们解几何题的招数，层出不穷，争奇斗艳。概括起来，不外这四类：检验、搜索、归约和转换。50 多年来，数学家和计算机科学家费尽心思，循循善诱，把个中奥秘向计算机传授。使得计算机解几何题的能力日新月异，大放光彩。除了灵机一动加辅助线，或千变万化的问题转换之外，前三种方法计算机都学得十分出色了。用机器帮助，以至在某种程度上代替学者研究几何，帮助以至代替老师指导学生学习几何，已经从古老的梦想变为现实。

在几何定理机器证明中，采用代数方法，引进坐标，将几何定理的叙述用代数方程的形式重新表达，证明问题就转化成判定是否能从假设的代数方程推出结论的代数方程的问题。这样把几何问题代数化，自笛卡儿以来已是老生常谈，并无实质困难。然而代数化的过程、坐标点的选取和方程引进的次序都可能影响后续证明的难度，甚至由于技术条件的限制，影响到证明是否可能完成。也就是说，几何问题化成纯代数问题之后，也并不见得一定容易，更不能说就能实现机械化了。这不仅因为解决这些代数问题的计算量往往过大，令人望而却步，而且因为代表几何关系而出现的那些代数等式或不等式常常杂乱无章，使人手足无措。从这些杂乱无章的代数关系式中找出一条途径，以达到所要证的结论，往往要用到高超的技巧。换句话说，即使你不怕计算，会用计算机来算，也不知道从何算起。

解几何题是思维的体操，是十分有吸引力的智力活动之一。图形的直观简明，推理的曲折严谨，思路的新颖巧妙，常给人以美的享受。许多青少年数学爱好者，往往首先是对几何有了浓厚的兴趣。用计算机证明几何问题，如果仅限于用平凡而烦琐的数值计算代替巧妙而难以入手的综合推理，则未免大煞风景。通过计算机的大量计算判断命题为真，确实是证明了定理。这是有严谨理论基础的。但这样的证明写出来只是一大堆令人眼花缭乱的算式、数字或符号，既没有直观的几何意义，又难以理解和检验，这跟几何教科书上十行八行就说得明明白白的传统风格的证明大相径庭。如果计算机给出的这一堆难于理解和检验的数据也算是几何问题的解答，这种解答只能叫做不可读的解答。

所幸的是，计算机不仅能计算，也能推理。只要我们会教，它也能学会传统风格的几何解题方法。我们希望的是，既要用计算机帮助人脑，减轻人的高级脑力劳动，还要在提高效率的同时，寻求保持传统几何的魅力。①

有经验的老师讲新课，总是从具体例子开始。同样，我们给计算机当老师，教它用传统的风格解决几何问题，也要从具体实例开始，让它知道解几何题的传统风格是怎么回事。

例 1 如图11.5-1 所示，在平行四边形 $ABCD$ 中，$AE\perp BD$ 于 E，$CF\perp BD$ 于 F，求证：$AE=CF$。

在初学几何证明的时候，老师常常要求学生画结构图，再将结构图整理成证明，而且每一步的推理都要写出推理规则。下面就给出证明例 1 的结构图以及整理后的证明过程。

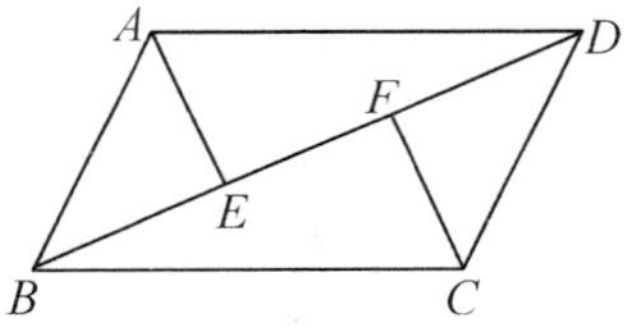

图11.5-1

证明：

$$\left.\begin{array}{l} ABCD\text{是平行四边形}\Rightarrow BC=DA \\ \left.\begin{array}{l} AE\perp BD \\ CF\perp BD \end{array}\right\}\Rightarrow \angle DEA=\angle BFC=90^\circ \\ ABCD\text{是平行四边形}\Rightarrow BC /\!/ DA\Rightarrow \angle CBD=\angle ADB \end{array}\right\}\Rightarrow \triangle BCF\cong\triangle DAE\Rightarrow CF=AE$$

[0]：$ABCD$ 是平行四边形　　（已知）

[1]：$BC /\!/ DA$　　（0 和平行四边形的定义）

[2]：$\angle CBD=\angle ADB$　　（0，平行四边形的定义和平行线的性质）

[3]：$FC\perp BD$　　（已知）

① Chou Shangching, Gao Xiaoshan, Zhang Jingzhong. Machine proofs in geometry: automated production of readable proofs for geometry theorems [M]. Singapore: World Scientific, 1994.

[4]：$\angle BFC=90^\circ$　　（3和直角的定义）

[5]：$AE\perp BD$　　（已知）

[6]：$\angle DEA=90^\circ$　　（5和直角的定义）

[7]：$\angle DEA=\angle BFC$　　（4，6）

[8]：$BC=DA$　　（0和平行四边形的定义）

[9]：$\triangle BCF\cong\triangle DAE$　　（2，7，8及AAS）

[10]：$CF=AE$　　（9和全等三角形的性质）

让我们像小孩子拆开玩具那样，把上述命题和证明分解成一堆“零件”，看看它们是如何组装起来的。

先看看命题部分。它提供了有关问题的基本信息。

（1）$ABCD$是平行四边形。这为证明中的[1][2][8]提供了理论依据。

（2）$AE\perp BD$，$CF\perp BD$。这为证明中的[4]和[6]提供了理论依据。

（3）希望证明的结论：$AE=CF$。这是证明中[10]的内容，但不包括后面括号内的理由。

这表明，题目所给的信息都出现在证明过程之中了。这是有道理的，证明中不用的信息，肯定是多余的。

再看证明部分。它由11行组成，每行的前半段是一个判断，或者说提供一条信息，后半段，即括号里的部分是这个判断的理由。如果这个判断来自命题的条件，则简单地说“已知”。否则，就指出这条新信息是由前面已经得到的哪些信息推出来的，以及能够进行这一步推理的依据——定理、定义等几何知识。

可见，我们能写出上述证明，如果不是死记硬背，那么在头脑中就一定要保留并运用两类资源：命题所包含的几何信息和一般的几何知识。如果说解几何题有时需要灵感，那么这灵感也只能在所掌握的几何知识的基础上产生。这就是所谓的熟能生巧。

在上述分析的基础上，我们来描述一下解答产生的过程，以便为计算机提供榜样。

在看到题目之前，首先已经掌握了有关的一般几何知识：公理、定理、定义、公式，通称推理规则。这是预先就存在头脑里的一个知识库——推理规则库。读了题目之后，把题目提供的几何信息记在头脑里，这就形成了一个临时的几何信息库。不管你是不是意识到，你头脑中一定有这两个库，否则就很难解题。如果你缺乏几何知识（没有推理规则库）或记不清题目（没有几何信息库），十之八九不会成功。

然后进行思考。这就是将知识库里的推理规则应用于几何信息库里的信息。推出了新信息，就把新信息和它的来历（用了什么推理规则和哪些旧的信息都要记下来，不然就成了一笔糊涂账）加到信息库里。并不是每条新信息都有用。可是在题目还没完全解答出来的时候，天晓得哪条信息有用，哪条信息没有用，还是统统记下来为妙。这种得到什么要什么的战略叫做大英博物馆方法，破盆子烂骨头进了博物馆说不定都是宝贝。反复进行下去，这个过程叫做前推式几何信息搜索过程。

如果你觉得脑子不够用，记不住越来越多的信息，不妨拿张草稿纸记一下。推理规则太多了记不住，也可以拿本数学手册或几何课本作参考，反正这又不是闭卷考试。

最后，如果所有的推理规则都用了，还得不到新的信息，就到此为止，别干下去了。这表明几何信息库再也不能扩大了，叫做达到了推理不动点。这时，如果几何信息库中包含了所要证的结论或待求的几何量，则解题成功，否则解题失败。

通常，我们随时关注新信息是不是包含了所要的结论。结论一出来，就不再去追求推理不动点。解题成功，就可以从你记下来的信息当中提取有关的东西，组织成一个有条有理的证明或解法。解题失败，并不意味着几何信息库就没用了。它可以作为进一步思考的基础。进广步思考的方向有：要不要多学点几何知识，增加几条推理规则；要不要添加辅助线；要不要用同一法或反证法。

复杂的推理过程可以化为简单的机械化的操作，但简单的操作重复多次就不再简单了。要提高效率，就又会出现复杂的问题。许多几何问题包含了大量的信息。人在进行解题思考时能借助直觉和经验，抓住最关键的信息得到解答，计算机却靠机械搜索，大鱼小鱼一网打尽，工作量就非同小可了。譬如一个三角形和它的三条高线以及垂心，这是个很简单的几何图形，用计算机搜索几何信息，居然发现图中有105组成比例的线段。

计算机在搜索中得到的有用信息很多，没用的信息就更多。而推理规则和信息组匹配失败的情形却比比皆是。不幸的是，有用、无用的信息都要经过检查才能决定取舍，成功、失败的匹配都要经过操作才能明了。要去掉大量失败的操作而留下成功的匹配，检查许多无用的信息而获取有用的结论，如同沙里淘金。

这种一网打尽、竭泽而渔的搜索推理，并不是什么新的发现，而是一种古老的机械化推理设想。在没有计算机的时代，也只能想想而已。一旦有了计算机，科学家就希望将之付诸实践，但困难的是难以将这个一般性的想法用有效的算法和程序实现。

用机械的方法解决千变万化的几何问题，曾是历史上一些卓越的科学家的美好梦想。现在，这个梦想已经成为生活中的现实。这个成功来之不易，这是许多科学家多年努力的成果，其中当代中国科学家的工作起了决定性的作用。

11.6　机器证明软件简介

从1998年起，“几何专家”“数学实验室”“超级画板”等具备自动推理功能的数学软件相继问世，引起了国内外各界特别是数学教育界的广泛关注。“超级画板”是一个集动态几何、符号运算、编程环境、自动推理等多项功能为一体的综合性平台，具有“人性化、智能化、可视化、动态化和程序化”等特点。下面我们就以例1为例，看看“超级画板”的自动解题功能。

第一步，根据题意作好几何图形（图11.5-1），由于“超级画板”的智能画笔功能强大，所以画出该图形是相当容易的。

第二步，在推理菜单中单击“自动推理”。此时，若仔细观察，会发现屏幕底部的状态栏在飞快地变化，表示推理正在进行。

第三步，很快（大约5秒钟）就能在屏幕左边看到自动弹出的“推理库”对话框，“超级画板”共推导出 194 条非平凡信息。根据我们的需求，单击“线段相等信息”前的“＋”将之展开，找到所需要的“$CF=AE$”（图11.6-1）。

第四步，逐级单击结论前的加号，即可看到推导出该结论的依据，直到已知条件或者显然为止（图11.6-2）。

第五步，右键单击结论“$CF=AE$”，即可自动生成推理过程（图11.6-3）。

图11.6-1

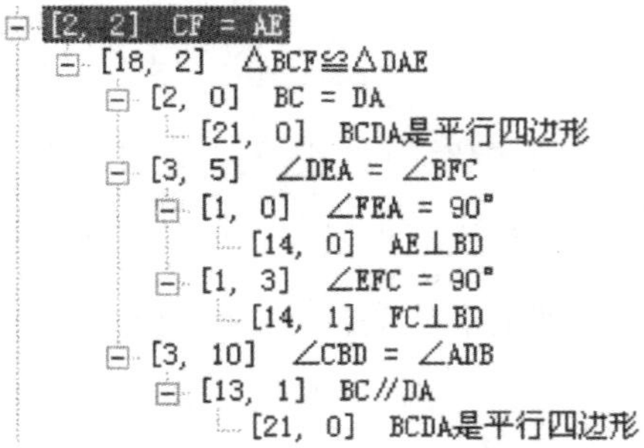

图11.6-2

证明：$CF=AE$

[1]：$BCDA$ 是平行四边形

[1]：$BC//DA$　　(0)

[2]：$\angle CBD=\angle ADB$　　(1)

[3]：$FC\perp BD$

[4]：$\angle EFC=90^\circ$　　(3)

[5]：$AE\perp BD$

[6]：$\angle FEA=90^\circ$　　(5)

[7]：$\angle DEA=\angle BFC$　　(4　6)

[8]：$BC=DA$　　(0)

[9]：$\triangle BCF\cong\triangle DAE$　　(2　7　8)

[10]：$CF=AE$　　(9)

图11.6-3

由于我们并没有告诉计算机需要求证的结论，所以计算机就把它能够推导出来的所有信息一股脑儿推导出来，供我们选用。能在很短的时间内，推导出这么多有用的信息，这正是计算机的威力所在。对比之后，我们会惊奇地发现，“超级画板”推理库中逐级展开的结构图（图11. 6-2）以及自动生成的证明（图11. 6-3)与前面所说的人工的传统证明几乎没有什么差别。在图11. 6-2 中，我们很容易看出，要证明线段相等，就要先证明线段所在的两个三角形全等；而证三角形全等，可以采用 AAS 定理，这就要去找所需要的三个条件；这三个条件是并列关系，合起来作为三角形全等的理论依据。而这三个条件的满足则来源于题目所给的信息。看懂证明之后，你若懒得花时间书写，则可让计算机自动完成。

使用“超级画板”的自动推理功能还有几点需要说明。

（1）当我们用鼠标选中某一关系式时，譬如“$\angle DEA=\angle BFC$”，则该关系式所牵涉的对象变色，并作出相应的标注，这非常有助于理解和学习。

（2）“超级画板”的自动推理是相当详尽的，最后的落脚点总是题目的已知信息或最基本的一些几何知识，假如你在逐级展开的过程中，发现自己已经弄懂了题目，那么就可以右键单击结论，没有必要将所有的“+”都展开，而此时自动生成的证明也会随之简单很多。这就好比通常所说的，高手解题比较简略，一些较明显的结论被一笔带过。

（3）学习是一个循序渐进的过程，所以教师要避免证明中用到学生还没有学过的知识，可以根据学生的学习进度，选择证明过程中可以选用的推理规则，而这也是可以设置的。

另外，对于牵涉长度、角度等几何量的题目，“超级画板”还允许人工增添“附加条件”，计算机会根据图形条件和添加的附加条件进行推理。

例 2　如图11. 6-4 所示，在$\triangle ABC$ 中，$AB=5$，$BC=13$，AD 是 BC 上的高，$AD=4$，求 CD。

解：

（1）作任意$\triangle ABC$（拖动到图 11. 6-4 近似的形状，与问题中的数量关系保持接近)；自点 A 作 BC 边上的垂线段 AD。

（2）单击菜单项“推理｜添加附加条件或结论……”，结果弹出“增加条件或结论对话框”，如图11.6-5 所示，从“增加条件或结论对话框”列表中，选择“线段的值”类型的条件。

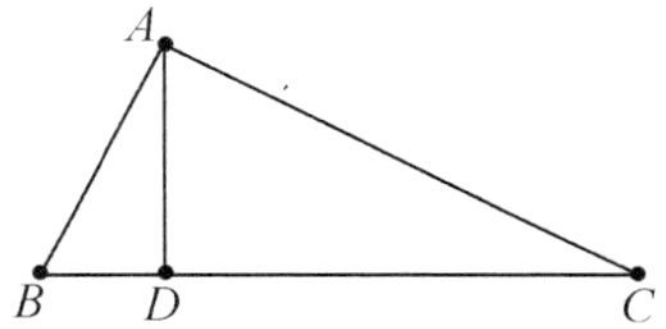

图11.6-4

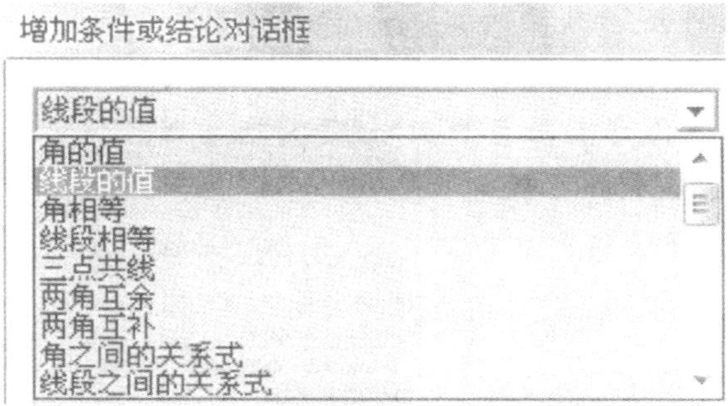

图11.6-5

（3）如图11.6-6 所示，在右边对象列表中依次单击“点 A”“点 B”，将其增加到条件对象列表框中；同时在条件编辑框中出现条件的类型和对象。将待增加的条件修改为：(segmentvalue A B 5)。

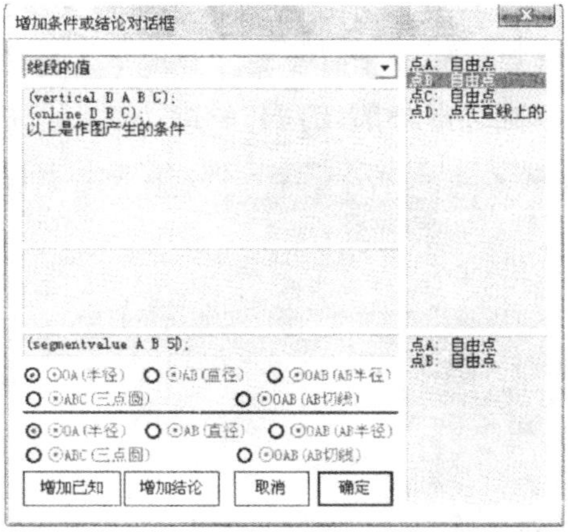

图11.6-6

（4）单击【增加已知】按钮，将条件增加到条件列表框。从对象列表框中，依次单击“点 B”和“点 C”，然后将待增加的条件修改为：(segmentvalue B C 13)。单击【增加已知】按钮，将条件增加到条件列表框。

（5）如图11.6-7 所示，从对象列表框中，依次单击“点 A”和“点 D”，然后将待增加的条件修改为：(segmentvalue A D 4)，单击【增加已知】按钮，将条件增加到条件列表框。

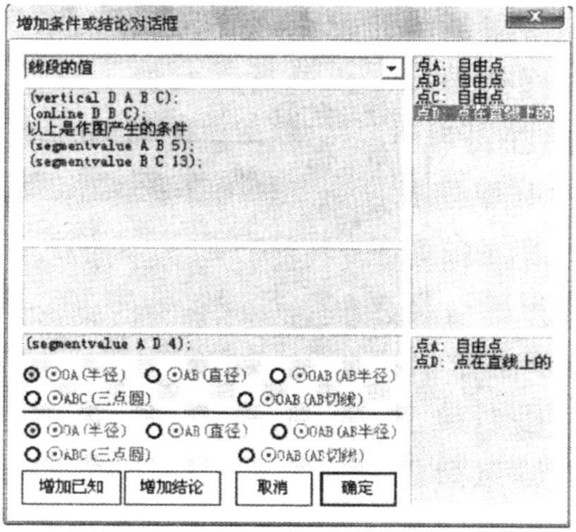

图11.6-7

(6) 单击【确定】按钮退出后，单击菜单命令“推理｜自动推理”，计算机开始根据已知图形条件和增加的辅助条件进行推理。推理结束后，推理工作区自动被激活。这时可以看到推理得到的结果。如图11.6-8所示，打开“有值线段的信息”列表，可以看到推导出线段CD的长度。依次打开推理信息列表，可以看到推理的依据。右键单击结论“$CD=10$”，在作图区自动列出演绎推理文本对象（图11.6-9）

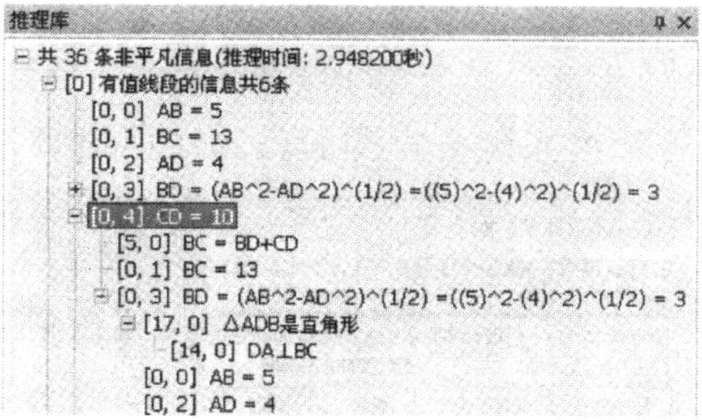

图11.6-8

求证：$CD=10$ 证明： [0]：$DA \perp BC$ [1]：$\triangle ADB$ 是直角形 (0) [2]：$AD=4$ [3]：$AB=5$ [4]：$BD=\sqrt{AB^2-AD^2}=\sqrt{(5)^2-(4)^2}=2$ (2 3 1) [5]：$BC=13$ [6]：$BC=BD+DC$ [7]：$CD=10$ (4 5 6)

图11.6-9

以上两例都很简单，为的只是告诉大家计算机是如何解几何题的，同时也为了向大家展示“超级画板”自动推理的一个过程。下面再举两例。

例 3 如图11.6-10 所示，设凸四边形 $ABCD$ 的对角线交于点 E。$\triangle ABE$ 和 $\triangle CDE$ 的外接圆交于 E，F 两点，$\triangle ADE$ 和 $\triangle BCE$ 的外接圆交 EF 直线于 G，H 两点，求证：F 是 GH 的中点。(2006 年中国女子奥林匹克试题)

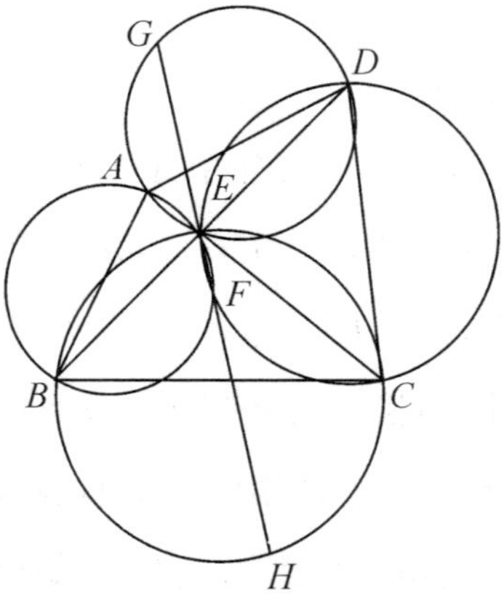

图11.6-10

证明：

[0]：$\angle CBD=\angle CHG$

[1]：$\angle HFC=\angle BDC$

[2]：$\triangle BCD \cong \triangle HCF$　　(0 1)

[3]：$BD/CD = FH/CF$　　(2)

[4]：$\angle FBA = \angle HEC$

[5]：$\angle FDC = \angle HEC$

[6]：$\angle FDC = \angle FBA$　　(4　5)

[7]：$\angle AFB = \angle CED$

[8]：$\angle CFD = \angle CED$

[9]：$\angle CFD = \angle AFB$　　(7　8)

[10]：$\triangle ABF \backsim \triangle CDF$　　(6　9)

[11]：$AB/AF = CD/CF$　　(10)

[12]：$AB/AF = BD/FH$　　(3　11)

[13]：$\angle ADB = \angle AGH$

[14]：$\angle DBA = \angle GFA$

[15]：$\triangle ABD \backsim \triangle AFG$　　(13　14)

[16]：$AB/AF = BD/FG$　　(15)

[17]：$FG = FH$　　(12　16)

[18]：F 是 GH 的中点　　(17)

例 4　如图11.6-11 所示，作出五角星 $ADBEC$，产生 5 个交点 G，H，I，J，F；再分别作$\triangle AGF$，$\triangle DHG$，$\triangle BIH$，$\triangle EJI$，$\triangle CFJ$ 的外接圆；这 5 个圆生成 5 个新的交点 M，N，P，K，L。求证：M，N，P，K，L 五点共圆。

这是一道经典的平面几何问题，难度较大。从证明的结构图来看，要证五点共圆，只需证两次四点共圆。根据结构图，可以比较容易地整理出证明过程。其他的一些几何定理，如蝴蝶定理、九点圆定理、西姆松定理等，都可以自动推理获得。

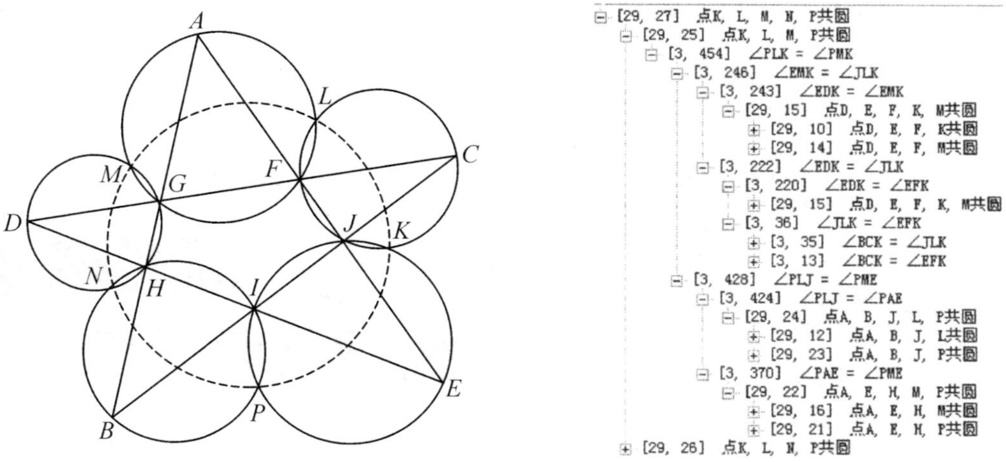

图11.6-11

思考和讨论

1. 查阅有关分形的资料和软件，欣赏奇妙的分形图像，体验在计算机上产生分形图像的过程。就此谈谈对数学实验的看法。

2. 收集阅读有关资料，谈谈计算机对数学学习和教学的积极和消极影响。

3. 在互联网上查找阅读计算机推理系统的资料，谈谈你对计算机智能化的看法。

第十二章

数学与哲学随想

数学和哲学这两门古老的学科，发展庞大，相对独立。

这两门学科关注的对象不大一样，视角也各有不同。正如费马大定理的解决者怀尔斯所说："和绝大多数数学家一样，我不是哲学家。我们做数学，因为我们爱做数学，我们几乎不考虑为什么。很多哲学家会问这样的问题：'数学是自在的并由数学家发现的，还是数学原本不存在而是由数学家发明的?'我所知道的每一位数学家都相信数学是自在的，我们只是发现者，但哲学家们可能穷尽一生追问我们是发现了还是发明了数学。"

数学与哲学，取其交集，得其精髓，扬其所长，补其所短，成一派之学说：数学哲学。

"横看成岭侧成峰，远近高低各不同。不识庐山真面目，只缘身在此山中。"坐井观天，只能得出"天只有井口那么大"的结论。

站在数学的角度看哲学，或是站在哲学的立场看数学，新的视角，必然有新的收获。

有所悟，随手记下，也是一得。

12.1 数学的领域在扩大，哲学的地盘在缩小

数学的领域在扩大。

哲学的地盘在缩小。

哲学曾经把整个宇宙作为自己的研究对象。那时，它是包罗万象的，数学只不过是算术和几何而已。

17 世纪，自然科学的大发展使哲学退出了一系列研究领域，哲学的中心问题从“世界是什么样的”变成“人怎样认识世界”。这个时候，数学扩大了自己的领域，它开始研究运动与变化。

今天，数学在向一切学科渗透，它的研究对象是一切抽象结构——所有可能的关系与形式。可是西方现代哲学此时却把注意力限于意义的分析，把问题缩小到“人能说出些什么”。

哲学应当是人类认识世界的先导，哲学关心的首先应当是科学的未知领域。

哲学家谈论原子在物理学家研究原子之前，哲学家谈论元素在化学家研究元素之前，哲学家谈论无限与连续性在数学家说明无限与连续性之前。

一旦科学真真实实地研究哲学家所谈论过的对象时，哲学便沉默了。它倾听科学的发现，准备提出新的问题。

哲学，在某种意义上是望远镜。当旅行者到达一个地方时，他不再用望远镜观察这个地方了，而是把它用于观察前方。

数学则相反，它最容易进入成熟的科学、获得了足够丰富事实的科学和能够提出规律性的假设的科学。数学好像是显微镜，只有把对象拿到手中，甚至切成薄片，经过处理，才能用显微镜观察它。

哲学从一门学科退出，意味着这门学科的诞生。数学渗入一门学科，甚至控制一门学科，意味着这门学科达到成熟的阶段。

哲学的地盘在缩小，数学的领域在扩大，这是科学发展的结果，是人类智慧的胜利。

但是，宇宙的奥秘无穷。向前看，望远镜的视野不受任何限制。新的学科将不断涌现，而在它们出现之前，哲学有许多事可做。面对着浩渺的宇宙，面对着人类的种种困难问题，哲学已经放弃的和数学已经占领的，都不过是沧海一粟。

哲学在任何具体学科领域都无法与该学科一争高下，但是它可以从事任何具体学科无法完成的工作，它为学科的诞生准备条件。数学在任何具体学科领域都有可能出色地工作，但是它离开具体学科之后无法作出贡献。它必须利用具体学科为它创造条件①。

正如数学家 Demollins 所指出的那样："没有数学，我们无法看透哲学的深度；没有哲学，人们也无法看透数学的深度；而若没有两者，人们就什么也看不透。"

模糊的哲学与精确的数学——人类的望远镜与显微镜。

12.2　数学始终在影响着哲学

数学始终在影响着哲学。

古代哲学家孜孜以求的是宇宙本体的奥秘。数学的对象曾被毕达哥拉斯当做宇宙的本质，曾被柏拉图当做理念世界的一部分。

柏拉图认为，数学与善之间有密切的关系。

近代哲学家热情地探索人的认识能力的界限和认识的规律，在数学的影响下产生了唯理论学派。他们认为数学思维的严密性是认识的最高目的。唯理论的两位大家——笛卡儿和莱布尼茨——正是卓越的数学家。另一位唯理论的著名代表人物斯宾诺莎有一本写法奇特的代表作《伦理学》，这本书完全仿照几何学的体例，先提出定义、公理，然后用演绎法一个一个地对命题加以证明，并以"证毕"作为论证的结束。他确信哲学上的一切，包括伦理、道德，都可以用几何的方法一一证明。

① 具体学科需要用数学来表达，同时又需要哲学来解释。有学者认为：完满的哲学解释，明确的数学表达，与经验事实相符合，是衡量一门具体学科成熟程度的三大指标。

唯理论的哲学论敌是经验论。可是经验论的代表人物霍布斯也认为几何学的方法是取得理性认识的唯一科学方法。另一位经验论著名人物洛克，也认为只有数学知识才具有确定性与必然性，感觉的知识只具有或然性。

在西方有巨大影响的是康德的哲学。康德哲学的出发点是解决这样一个基本问题：既然人的认识都来源于经验，为什么又能得到具有普遍性与必然性的科学知识特别是数学知识呢？于是他提出人具有先验的感性直观——时间与空间。可以说，对几何学的错误认识，导致了康德学说的诞生。

数学的成功使哲学家重视逻辑的研究与运用。古代有亚里士多德的《工具论》，现代有西方的逻辑实证主义。

现代数学把结构作为自己的研究对象，现代西方哲学的一个重要派别是结构主义。

数学讲究定义的准确与清晰，现代西方哲学则用很大力气分析语言、概念的含义。

为什么哲学家如此重视数学呢？

当哲学家要说明世界上的一切时，他看到万物都具有一定的量，呈现出具体的形，数学的对象寓于万物之中。

当哲学家谈论怎样认识真理时，他不能不注意到，数学真理是那么清晰而无可怀疑，那样必然而普遍。

当哲学家谈论抽象的事物是否存在时，数学提供了最抽象而又最具体的东西：数、形、关系、结构，它们有着似乎是不依赖于人的主观意志的性质。

当哲学家在争论中希望把概念弄得更清楚时，数学提供了似乎卓有成效的形式化的方法。

数学也受哲学的影响，但是不明显。

即使数学家本身也是哲学家，他的数学活动也并不一定打上哲学观点的烙印，他的哲学观点往往被后人否定，而数学成果却与世长存。

数学太具体了，太明确了。错误的东西易于被发现、被清除。

在唯物主义哲学看来，数学家在从事数学研究中，通常是坚持唯物主义观点的，尽管这可能是不自觉的①。

然而有些杰出的数学家，明显地表现出唯心主义倾向——特别是数学柏拉图主义。如康托，他认为无穷集是客观独立存在的，不过这很可能更激发了他的研究热情。

可不可以说：许多数学家是自觉的唯心主义与不自觉的唯物主义的结合呢？

这是一个复杂的问题。但是，在现代数学的洪流之中，这问题似乎已消失了。现代西方哲学认为唯物论与唯心论的对立是无意义的，这其实也受数学的影响。数学有过一次经验：讨论欧几里得几何与非欧几何哪个是真是无意义的。

如果真的是由于数学的影响，应当说数学这次对哲学的影响是消极的。

数学对哲学的影响，哪些是积极的？哪些是消极的？有待哲学家研究。

12.3 抽象与具体

哲学对具体的东西作抽象的研究。

数学对抽象的东西作具体的研究。

哲学研究世界上一切事物共同的、普遍的规律，研究人如何认识世界，研究概念的意义。这些被研究的东西是具体的，一般人都可以想象，可以把握。

数学研究的东西使人难以想象，高维空间、非欧几何、超限数、豪司道夫怪球，都达到高度抽象，不是内行，很难理解。

可是哲学命题却使人难以把握其确切含义。比如，哲学家常常说“存在”。什么叫存在？使用存在这个概念要服从什么法则？谁也没有清楚地阐述过。哲学家常常说“事物”。什么叫“事物”？如何运用“事物”这个概念？也没有界说。

哲学家的有些命题，只可意会，不可言传。比如，“世界是物质的”，这是一条十分重要的哲学命题。从常识出发，人人能理解，而且它是与科学的发现始终

---

① 恩格斯说，“不管自然科学家采取什么样的态度，他们还是得受哲学的支配。问题只在于：他们是愿意受某种坏的时髦的哲学的支配，还是愿意受一种建立在通晓思维的历史和成就的基础上的理论思维的支配。”

一致的。但是如果从字眼上追究，那么究竟什么叫“物质”？如何证明世界是物质的？根据这个命题如何指出具体的实验方法？这些都是很难回答的。但无论科学有了什么新发现，都不可能否定这个基本命题。它给人以启示，给人以指导，但你又抓不住它的具体内容。

数学研究的对象虽然抽象，但是可以作具体的研究，而且只能作具体的研究。数学中的许多概念，可以言传而不可意会。用符号、语言，一步一步可以讲得很严格，很具体，至于它究竟是什么，由于抽象的次数太多了，头脑中已难以想象，可是推理、论证却绝不含糊。

西方现代哲学热衷于把概念精确化，这似乎是受了数学的影响。但是，哲学的本质是不精确的，因为哲学的对象是科学的未知领域。如果哲学像数学那样精确严格，哲学也就成了数学的一部分，不再是哲学了。

12.4 涉及具体问题时，语言必须精确严格

涉及具体问题时，语言必须精确严格。数学的看家本领，就是把概念弄清楚。这本领是经过2000多年才练出来的。

有些扯不清的事，概念清楚了，答案也清楚了。

先有鸡还是先有鸡蛋？这常常被认为是扯不清的事。

这个问题并不是与哲学无关。13世纪的经院哲学家、被罗马教皇封为“神学之王”的托马斯，曾提出过关于上帝存在的五种“证明”，其中一种“证明”是：任何结果总有原因，其原因又是其他原因的结果。依此类推，必有一个最初的原因，这就是上帝。

按照托马斯的逻辑，先有鸡先有鸡蛋的问题只能这样解决：上帝造出了第一只鸡，因而先有鸡。这就把问题与哲学联系起来了。

现在我们抛开子虚乌有的上帝，从科学角度分析，是先有鸡，还是先有鸡蛋呢？

只从逻辑上讲，可能没有答案。例如，“最小的整数是奇数还是偶数”就没

有答案，因为没有最小的整数。

能不能说，鸡与鸡蛋，像偶数与奇数一样，没有最先的呢？这不行。我们已经知道，地球上本来没有生物，也没有鸡和鸡蛋，它们是在自然界发展中出现的，应该有先后。

对这样的问题，数学的思维方式是问一问什么是鸡，什么是鸡蛋，它们之间有什么联系。

如果生物学家无法判断什么是鸡，当然也无法回答这个问题。我们应当假定，什么是鸡的问题已经解决，否则，问题没有意义。

什么是鸡蛋呢？鸡蛋的概念不应当与鸡无关，否则问题也无意义了。比如根据常识，我们可以提供两个可能的定义：

（1）鸡生的蛋才叫鸡蛋。

（2）能孵出鸡的蛋和鸡生的蛋都叫鸡蛋。

如果选择定义（1），自然是先有鸡，第一只鸡是从某种蛋里出来的，而这种蛋不是鸡生的，按定义，不叫鸡蛋。如果选择定义（2），一定是先有蛋。孵出了第一只鸡的蛋，按定义是鸡蛋，可它并不是鸡生的。

只要我们把定义选择好，问题就迎刃而解。

如果不把鸡蛋的定义确定下来，问题自然无解。不知道什么是鸡蛋，还问什么先有鸡先有鸡蛋呢？

当然，也有其他的定义方法。总之定义不清楚是不行的。

现代生物学对基因的研究成果，给出了从本质上定义鸡蛋的方案：如果蛋里面有鸡的基因，就叫做鸡蛋。研究表明，如果蛋里面没有鸡的基因是不可能孵出鸡的。据此，应当采取定义（2），结论是先有鸡蛋。

这就是数学家常用的办法——问一个“是什么”。古代的哲学家不懂得这个方法，古代的数学家也不太懂这个方法。这个方法是在非欧几何诞生之后数学家才掌握的。现代西方哲学家正力图把这个方法搬到哲学中去，是否能成功现在还很难说。

先有鸡还是先有蛋的几种观点

先有鸡还是先有蛋？几种观点各有道理，把人带入了循环的怪圈。就好比两个人在一个圆内跑步，分不清谁前谁后了。

真理越辩越明。通过辩论，未必能够得到最终的答案，但却能帮助我们更清楚地认识事物。就如同哥德巴赫猜想，虽然到现在还没彻底解决，但在这解决的过程中，我们有了很多的发现，这些好的方法、好的工具，都是可以移作他用的。

观点 1：不从鸡和蛋的定义讨论，而是研究如何定义“先”。

如果“先”是从时间上进行分析，那么属于事实问题。如果“先”是从逻辑上进行分析，那么属于概念问题。比如说，如果问先有汽车还是先有汽车轮子，从事实上来说先有汽车轮子后有汽车，因为在时间顺序上，不先做好汽车轮子，完整的汽车就做不出来。但是在概念上，先有汽车，后有汽车轮子。因为在逻辑上只有先定义了什么是汽车，才可能有汽车轮子的概念。

那么在鸡和蛋的问题中，从概念角度来看，应该是先有鸡。因为蛋有很多种，譬如鸭蛋、鹅蛋、鹌鹑蛋等，只有和鸡相关的才叫鸡蛋。也就是说，没有鸡，鸡蛋就无从谈起。

而从事实上来说，没有谁看到最早的鸡和蛋是如何产生的，目前人类没有技术可以穿越过去未来。这个客观存在的问题，也许我们永远都无法知道。

观点 2：从生物进化角度来看，对先有鸡还是先有蛋这个问题，我们不能简单地回答。因为任何生物都是不断进化发展的，进化的历程相当漫长，而遗传和变异是进化的基础。在由爬行动物进化到鸟类的过程中，不断地发生变异，并经过自然选择将这种变异保存和遗传下来。从进化的角度看，鸡这一物种形成时，鸡和鸡蛋同时形成。从基因水平看，鸡和鸡蛋具有同样的遗传物质，二者在地球上的出现也是无所谓先后的。

更详细一点地说，鸡作为鸟纲中的一个物种，是从原始鸟类分化而来的，而鸡蛋是鸡的受精卵（指可以繁育出小鸡的鸡蛋），在鸡这个物种形成的漫长历程中，始终是连接“原始鸟类一鸡”进化中一代与一代之间的桥梁。在鸡的形成过程中，有三个因素：变异、遗传、自然选择。“鸡”生“蛋”（此处的“鸡”和“蛋”都不是指我们今天说的鸡和蛋），“蛋”生“鸡”，两代之间并不是完全相同的，同一亲代所生的子代也有差异。在生存斗争中，具有有利变异的个体得到最好的机会保存自己，而有利与无利是由大自然决定的，鸡正是由于大自然逐渐保留了它们善奔走、地面活动多、飞翔能力差等变异特征，而从原始鸟类中分化形成的。显然，其中遗传起着保持巩固变异的作用，通过遗传使变异得到积累。在自然选择的作用下，物种的变异被定向地积累下来，产生物种的分化和新物种的形成，鸡和鸡蛋也就慢慢进化形成了，这是一个以百万年计的历程，绝不可硬分鸡和蛋出现的先后。

观点3：有人认为最早的鸡蛋是由鸟类下蛋变异而来，然后鸡蛋孵出鸡。有人认为最早的鸡是由鸟类变异而来，然后鸡生蛋。这两者都将问题的根源转到鸟类上去了。形式上是转移了，本质却没有变化。因为此时会出现一个新问题“先有鸟，还是先有鸟蛋”，甚至更一般的问题“先有×，还是先有×的蛋”。讨论鸡的问题，并不是鸡有什么特殊之处，而是鸡比较常见，取为代表元素而已。

观点4：鸡和蛋谁先谁后，哪说得清啊？干脆打个圆场，让它们同时产生吧！就好比求 $x=1+\cfrac{1}{1+\cfrac{1}{1+\cdots\cdots}}$，假设 x 是鸡（或者蛋），那你能求出来么？这得根据定义往回溯，而这恰恰是个永无止境的过程，此时若将 $1+\frac{1}{x}$ 看做是蛋（或者鸡），那么鸡和蛋组成一个方程 $x=1+\frac{1}{x}$，二者同时产生。

观点5：有媒体报道，科学家通过对0.77亿年前一个小型肉食恐龙巢穴的研究后终于找到答案，先有蛋后有鸡。详细情况，请感兴趣的读者上互联网搜索。

12.5 个别与一般

个别和一般的关系，在2000多年的时期内一直是哲学家争论的话题。

柏拉图认为，具体事物是虚幻的，抽象的概念倒是真实的。世界上除了大狗、小狗、黄狗这些个别的狗之外，还有一个理念的狗。具体的狗可以变化、死亡，而理念的狗是永恒的、绝对的。具体的狗之所以是狗，是因为它具有“狗”这个理念。

亚里士多德批判了柏拉图的理念论，他指出，一般不能离开个别而存在。除了具体的这只狗、那只狗之外，没有一个另外的抽象的狗。他并不认为一般存在于个别之中。列宁赞扬过亚里士多德对柏拉图的批判，但认为他就是弄不清一般和个别的辩证法。

到了中世纪，在经院哲学内部，分成了唯名论与实在论两派，他们之间进行了激烈的争论。唯名论认为，“个别”高于“一般”，一般概念仅仅是一个名词，个别的事物才是真的。实在论认为，“一般”高于“个别”，“一般”是独立实在的，先于“个别”，派生“个别”。

这两派的斗争非同小可。唯名论者常常受到打击与迫害。因为他们认为，具体的、个别的“王权”高于一般的、普遍的“教会”。而这当然触犯了教权，在中世纪，教权是高于一切的。

在中国古代，有公孙龙“白马非马”的著名诡论。他说：要马，黄马黑马都可以；要白马，黄马黑马就不行了；可见白马非马。这种说法，忽悠了当时的许多人。

一般与个别的关系，长期在争论，也就说明长期没有弄清。

其实，用数学中集合的概念很容易弄清一般与个别的关系。

这只狗、那只狗，过去的每一只狗、未来的每一只狗，构成一个集合，这个集合就叫做狗集合，不过通常略去集合二字罢了。具体的狗是狗集合的元素。黑狗，是狗集合的一个子集。这样看，“一般”是存在的，它作为集合而存在。个别也是存在的，它作为集合的元素而存在。集合由元素构成，没有元素的集合是空的，可见一斑离不开个别。

公孙龙的诡论，一方面是弄不清一般与个别的关系，另一方面是利用了语言的歧义。

我们常常用“是”“非”这些字眼，但是，它们在不同的场合意义不同。

“是”可以表示“等于”。“欧几里得是《几何原本》的作者”，这里，“是”表示等于。

“是”可以表示“属于”。“欧几里得是古希腊数学家”，这里“是”不再表示等于了。“古希腊数学家”是一个集合，欧几里得是这个集合中的一个元素。元素与集合的关系，在数学上用“属于”来表示。

“是”可以表示“包含于”。“狗是哺乳动物”这句话里，“狗”是一个集合，“哺乳动物”也是一个集合。这句话表示“狗”集合是“哺乳动物”集合的子集。在数学里，若甲集是乙集的子集，就说甲集包含于乙集。

回到公孙龙的“白马非马”，我们问：这里“非”字是什么意思呢？

“非”是“是”的反面。“是”可以表示“等于”“属于”或“包含于”，“非”也就可以表示“不等于”“不属于”或“不包含于”。

“马”是一个集合，“白马”是“马”的一个子集合，“白马非马”中的“非”字，如果表示“不等于”，这句话是对的，因为白马集合确实不等于马集合。如果表示“不包含于”，就错了，因为白马集合包含于马集合。

顺便说一句，说“白马集合不属于马集合”，从数学上看是不对的。因为“属于”表示元素与集合之间的关系，不用来表示集合之间的关系。

这样，“白马非马”也就成了索然无味的、毫无诡论意义的普遍陈述了——只要说清楚“非”字的含义就可以了。

被誉为“哲学之王”的黑格尔说：你可以吃樱桃和李子，但是不能吃水果。这无非是说樱桃和李子不是水果，和白马非马是一样的，不过比公孙龙晚了2000多年罢了。

我有没有希望

李明十分贪玩，不思学习。一次，班主任朱老师对他说：“这样下去，真没希望。”李明反驳：“青年是早上八九点钟的太阳，是祖国的希望，我是青年，你能说我没希望？”“青年是祖国的希望，也不说明你是祖国的希望啊！”朱老师反驳他。“怎么？青年是祖国的希望，我没有希望，那你就把我排除在青年之外啦？”朱老师明知这是在狡辩，但又不知其中缘故，无法继续驳斥他。

请你帮朱老师分析分析。

12.6 事物与概念

客观事物作用于人的感官，使人产生相应的概念。我们看见月亮这个东西，才有了月亮这个概念。这表明先有事物后有概念。

但是，有些事物是人发明出来的，人必须先在头脑中形成一定的概念，作为创造具体事物的依据。因此，对于人为的事物，则可以先有概念，后有事物。

提到数学对象，就会产生一个难题：点、线、面、数这些概念与它们所代表的事物，是哪个在前哪个在后呢？是先有了点、线、面、数这些事物，反映在人们头脑中成为概念，还是人们在头脑中形成概念之后，把它们创造出来用以描述客观世界呢？

认为世界上先有了点、线、面、数，这正好是柏拉图的唯心主义的理念论。

认为它们是人从概念中创造出来的，那如何解释数学定律的客观性与准确性呢？

只有这样解释：客观事物的数量关系和空间形式在人的头脑中抽象为数学概念，人根据概念又创造出数学对象。数学对象之间的关系与客观世界一致，并不奇怪。

一个真正奇怪的故事是虚数的产生。-1 的平方根，是数学运算的结果。在几百年的漫长时期中，最伟大的数学家也认为它纯属虚幻，后来才发现它并不虚。它反映了客观世界的某些性质与规律，但它一开始并不是客观事物在人头脑中的反映，是人通过运算把它创造出来的。

人创造出虚数，可是虚数服从的数学规律不以人的主观意志为转移，因此，数学家觉得，不是人创造了虚数，而是人发现了虚数。

同样，数学家认为哈密顿发现了四元数，而不是发明了四元数。

数学家总是自觉不自觉地把他们研究的对象想象成客观的实在。但是，当他们认为规律是客观的时候，他们被认为是唯物的，当他们认为数学对象是实在的时候，他们又被认为是唯心的。唯心主义能够在数学中找到栖身之处。正如列宁指出过的：在最简单的抽象中，已经包含着唯心主义的可能性。

回到开始的话题。可不可以说，数学对象是和概念同时产生的呢？这时，事物不过是概念，概念也就是事物。

12.7 “我不需要这个假设”

现代西方哲学诸派有一个共同特点，他们都认为“世界是物质的还是精神的”这个哲学基本问题是无意义的假问题。

例如，逻辑实证主义就认为，唯物主义与唯心主义争论的这个问题，是形而上学的假陈述。他们认为，唯物论与唯心论的对立实质上是表述方式的不同。唯物论认为存在一个不以人的意志为转移的客观世界，而唯心论并不否认这个客观世界的存在，只是提出这个客观世界的可感觉的意义。无论是唯心论还是唯物论，都没有提出可供经验证实的具体内容。而在逻辑实证主义看来，如果提出一个命题而不能描述出证实的方法，这个命题就是无意义的。

很明显，逻辑实证主义深受数学的影响。他们要求命题的表达严格准确，要求证实——经验证实或逻辑证实。

例如，“世界的本原是物质”“世界的本原是精神”这两个命题中，包含了“本原”这个词。什么叫本原，什么叫物质，什么叫精神，都没有说清楚，因而这两个命题都是无意义的命题。

但是，怎样才能说清楚呢？说清楚，无非是用另一个字眼或另一些字眼代替“本原”“物质”或“精神”这些字眼。而新引进的字眼本身也有待用别的字眼说清楚，这就陷入无穷回归之中。

怀疑主义哲学怀疑数学真理的主要论据就是认为这种“无穷回归”不可避免，但是数学已跳出这个无穷回归的怪圈，那就是结构主义的数学。数学说：我们研究某种结构，这种结构如果具有某种性质，则必具有另外某种性质。

这是数学的特点，它不肯定“是什么”的问题，它只说，如果是什么，那么就如何如何。

哲学在这一点上不能学习数学。哲学命题从来不带“如果”。“世界是物质的”“一切事物内部都包含着矛盾”“运动本身就是矛盾”，这些命题的特点是无条件的，是断言，是斩钉截铁的陈述。

因此，无法要求哲学把命题陈述得更清楚，否则，或陷入无穷回归，或成为假言命题。这都不符合哲学探求普遍规律的本性。

能不能设计一种科学实验检验一下，世界本原究竟是物质的还是精神的？爱因斯坦的相对论不是用设计实验的办法来检验的吗？

不可能。无论科学实验得出什么结果，唯物论者都可以说，这是物质的本性；唯心论者也都可以说，这是精神的特点。

哲学绝不肯把自己命题的生命与某一个科学实验的结果联系起来。实际上，唯物论者无非是说，世界就是世界本身，用不着在世界本身之外再找寻什么原因，这当然是永远无法推翻的。但是唯心论者硬要再问，世界本身为什么是这样的呢？他们说，这是由于“绝对理念”，或由于“冲创意志”，或由于别的什么。如果再问为什么绝对理念是这样的呢？为什么会有冲创意志呢？则又陷入无穷回归之中。既然不必再问下去，为什么不早一点停止追问，把答案限制于世界就是世界本身——“世界是物质的”呢？

用逻辑和实验都无法否定唯心主义。也许最好的批判是“奥卡姆的剃刀”，或者数学家拉普拉斯的名言“我不需要这个假设”。

12.8 证实与证伪

批判理性主义主张“证伪原则”，认为只有能被经验证伪的命题才是科学命题。

其理由是：科学命题是全称判断，举多少例子也不能证实，但是有一个反例就能证明命题不成立。

然而这种看法不全面。数学里面有各种类型的命题。

哥德巴赫猜想： 每个大于4的偶数都可以表为两个奇素数之和。检验多少偶数也不可能证实它，找到一个反例就可以证明它不成立。

解的存在定理： 数学里有许多存在性定理，定理往往肯定某一方程有解。这种类型的命题，实际检验只能肯定它，不能否定它。实际检验，无非是把数代入方程试一试。满足了，命题就成立；不满足，并不能否定命题，因为还可以再试验别的数。这类命题物理学里也有，如磁单极存在的猜想。

孪生素数无穷的猜测： 如果 p 和 $p+2$ 都是素数（如3与5，5与7，17与19），便称它们是一对孪生素数。数学家猜想“孪生素数是无穷的”。给了任一个户，很容易检验 p 和 $p+2$ 是不是一对孪生数。但是无论检验的结果如何，既不能证实这个命题，也不能推翻这个命题。能说它不是一个科学的命题吗？

看来，逻辑实证主义的“证实主义”，批判理性主义的“证伪主义”，都不足以判定一个命题是不是科学命题。科学命题可能被证实而不被证伪，也可能被证伪而不被证实，甚至可能既不被证伪又不被证实。

哲学上的许多命题，既不能被证实，又不能被证伪。

“物质是无限可分的，不存在不可分的基本粒子”，这一命题就永远不可能被证实，但是也不可能被证伪。即使把目前已发现的“基本”粒子再分100万次，还不能算“无限可分”。可是反过来，即使100万年都不能把“基本”粒子再分割成更基本的粒子，也不能推翻这个命题。反过来，假定物质由不可分的基本粒子组成，也是既不能被证实，也不能被证伪的。

类似地，“宇宙是无限的”“宇宙是有限的”，也不可能被证实或证伪。

看来，一个命题是不是科学命题，不能简单地从逻辑上来确定。这是一个复杂的问题，只能在社会实践中检验。

12.9 数学世界是人的创造，但它是客观的

数学从客观世界中汲取营养，形成自己的概念。然而概念一旦形成，就有了

自己的性质，数学家奈何它不得。

康托和戴德金在建立实数理论的时候，并没有想到实数比自然数多，更没有想到一小截线段上的点和全空间的点一样多。集合论中的发现使康托自己一再吃惊。

数学家自己事先想不到的事太多了。

圆规、直尺不能三等分角，五次以上方程没有根式解，非欧几何，豪司道夫怪球，这些都是不可能用具体例子证实的真命题。

数学世界是人的创造，它却是客观的。它的内在性质与规律不以人的主观意志为转移。

批判理性主义的创始人、当代西方著名哲学家波普的证伪主义虽不足取，但是他的三个世界的理论却包含了极有价值的东西。

波普认为世界由三个部分组成：世界 1——物理世界，即物质世界；世界 2——精神世界；世界 3——人类精神产物的世界。

其实，世界 2 不过是世界 1 的一部分。因为人脑也是物质，精神活动也是物质活动，不过因为是人在研究，就特别重视自己的精神，也就把它单列为一个世界了。

世界 3 的确是独具特色，它是精神世界的产品，又具有物质世界那种不依人的主观意志为转移的客观规律性。世界 3 完全由信息组成。它是以世界 1 中的信息为基本原料，在世界 2 中进行加工的结果。

数学对象存在于何处？现在可以说，它存在于世界 3，世界 3 不是柏拉图的理念世界，因为已经肯定了先有世界 1。但是，世界 3 对世界 2 有重要影响，并且它还通过世界 2 来影响世界 1。

有一种看法认为三个世界的理论将导致唯心主义，其实未必。

12.10 事物的总体性

研究问题要从大处着眼，小处着手；局部入手，得其精细；全盘把握，取其博大。

三角形内角和等于180°，这是一个很初等的数学命题。但是从某个角度看，它又比一些微积分定理还深刻。

深刻之处在于，它阐明的是三角形的总体性质。这条定理对于三角形的一条边、一个角都没有意义，只有把三角形作为一个总体，才有这个命题。

而许多初等微积分定理，研究的仅仅是函数的局部性质①。

正是从三角形内角和定理出发，现代数学才得到了十分深刻的结果——“高斯-比内-陈定理”。这是当代数学大师陈省身教授的得意之作。

三角形内角和是180°。四边形呢？五边形呢？这容易回答：四边形内角和是360°，五边形内角和是540°。一般地，n边形内角和是（n−2）个180°。

这似乎找到了一般规律，其实不然。把观点变一变，不看内角看外角，便有：

三角形外角和为360°，

四边形外角和为360°，

五边形外角和为360°，

⋮

任意凸多边形外角和为360°。这个结论就比“内角和是（n−2）个180°”干净、利落，因而漂亮，实现了特殊到一般的转化。

多边形是由有限条直线段构成的，有限化为无限，多边形就变成了封闭曲线。设想这封闭曲线是自己不和自己相交的一条高速公路，汽车在上面奔驰，其运动方向时时在改变。汽车在曲线上转了一圈，运动方向改变总量（代数和）是多少呢？恰恰是360°。这里又一次从特殊达到了一般。

进一步把曲线放到曲面上，放到“流形”上，最终到达深刻的“高斯-比内-

---

① 微积分研究极限、连续、可导，这些性质都是针对函数在某一点的局部性质。而像函数单调性、有界性、一致连续性，则属于整体性质，因为它要考虑区间内的每一点。连续函数的单调性、有界性、一致连续性的证明都建立在“一点连续”的基础上。局部性质和整体性质之间的过渡和转化，需要工具，譬如此处可用有限覆盖定理。

陈定理”。

不仅要看内角，而且要看外角；不仅要看直线，而且要看曲线；不仅要看平面，而且要看曲面。这生动地体现了辩证的方法。

入乎其内，见木不见林，常常会迷失方向。现代数学十分关心事物的总体性。大范围分析就专门研究流形（曲面的推广）的总体性质，“高斯-比内-陈定理”开创了这一方向。

现代西方哲学中的西方马克思主义派以及结构主义派都十分重视事物的总体性。是数学的发展影响了哲学？还是哲学影响了数学？还是人们的思想认识不约而同地都达到了重视总体性的时代呢？

12.11　变化中的不变

数学特别关心变化中不变的东西。

平移运动下，与平移方向一致的直线是不变的。旋转运动下，转动中心是不变的。变化中不变的东西，往往是最重要的东西，是刻画了变化的特性的东西。

运动可以改变图形的位置，但是图形上线段的长度是不变的。这长度就是两点的距离。保持两点距离不变是运动的特点。

放大镜下，图形变了样，两点距离变大了；摄影，又使图形变小：这时两点距离变了，但是直线之间的角度不变。图形的按比例放大与缩小，叫相似变换。保持直线仍为直线，并且直线间的角度不变，这是相似变换的特点。

阳光从窗口射到地板上，窗玻璃上画的三角形在地板上留下了影子，三角形的三边的长度变了，三个角也变了，但是直线的影子仍是直线，线段中点的影子仍是线段影子的中点，三角形的中位线的影子变成影子三角形的中位线，平行线的影子仍是平行线。几何图形的这种变换，叫仿射变换。它的特点是把平行直线变成平行直线。

广场上的两根柱子是平行的，在灯光照射下，柱子的影子仍是直的，但是不再平行了。这种保持直线为直线，却不保证平行直线仍然平行的变换叫射影变换。

各种几何变换之下都有不变的东西。

把图形画在橡皮薄膜上，把薄膜折叠、揉搓、拉伸、压缩，图形的性质会发生剧烈的变化。直可以变曲，短可以变长，三角形可以变成四边形，只要不撕破橡皮薄膜，不把橡皮薄膜上两个地方粘在一起，图形总有些性质是保持不变的。例如，一个圈子总是一个圈子。这种变换属于拓扑变换。拓扑学已成为现代数学的一个极重要的分支。拓扑学里有一条有名的定理叫不动点定理。它的最简单的例子是球面到自身的连续映射一定有不动点。按照这个定理，可以得到一个有趣的结论：地球上时时刻刻有不刮风的地方！对不动点定理的研究，已成了现代数学的一个重要课题。

任何科学都关心某种变化中不变的东西。生物学关心遗传因子，化学关心元素，物理学关心基本粒子，哲学关心普遍的规律。

宇宙中的一切都在运动与变化，但是我们相信变化与运动遵循的基本规律是不变的。如果基本规律也在变，比如说，某一天万有引力忽然消失了，或光速变得更快，或能量守恒律不成立了，人类会觉得世界是不可想象的。

当然，不变的规律是基本规律，是指一定条件下必然产生一定的结果。记得谁说过，太阳上没有水，也就没有关于水的规律。似乎不能这样说。关于水的规律，是指如果有水，则水有什么性质，等等。规律的内容已经包含了它的前提。

我们日常感到的规律，如冬去春来、日出日落，总有一天是要变的。然而在这变的背后，仍有不变的东西在支配着，这应当是科学与哲学的基本信念。

12.12 预言

存在决定意识，人总是受时代的限制。这可以说明，为什么哲学总是受到后人的批判。

数学家的工作却多受到后人的肯定。这使数学变成越来越庞大、越来越难以掌握的一门科学。可是离开具体命题，涉及对事物的观点，数学家也总是看不到下一步是什么样子，也总是受限制于时代，即使是最伟大的数学家也是如此。

欧几里得力图给点和直线这些基本的几何元素下定义，结果是徒劳的。演绎推理必须从不加定义的元素开始，而元素的性质由公理刻画。这是后人比欧几里得高明之处。

欧拉对复数作了深刻的研究，他弄不清虚数$\sqrt{-1}$的意义。他认为$\sqrt{-1}$既不是什么又不是什么都不是，它纯属虚幻。

牛顿无法说明自己所创立的微分法。

希尔伯特终于发现自己提出了一个不能实现的目标——用形式系统证明数学的协调性。

现在我们回头来看，就不难理解，为什么伟大的思想家恩格斯也曾发表过“武器发展到机关枪已到了顶点，因为再快人就无法控制了”这种错误的预言。他想都没想到过自动控制的导弹。

可以用纯形式的逻辑推理证明，准确地预知未来是不可能的，它将导致矛盾：

在一张卡片上写下一句话，这句话描述了一件事，请预言家先发表意见，再揭开卡片。预言家应当说明，卡片上所写的事是否发生。

卡片既已写好，答案应当是确定了的。两位预言家各选一个答案。甲说是，乙说否，两个人总有一个命中了吧？

但是，卡片上写着“你的预言是‘否’！”

预言“否”的乙错了，他认为卡片上的事不会发生，却发生了。

预言“是”的甲也错了，他认为卡片上的事要发生，却没有发生。

12.13 “没有两件事物完全一样”

莱布尼茨在德国国王宫廷讲学时，肯定地说：“世界上没有两件事物是完全一样的。”事后，听讲的宫女纷纷在花园里找寻树叶加以比较，她们看到，确实没有两片相同的树叶！

宫女们没找到相同的树叶，并不足以证明莱布尼茨的这个命题。一方面，因为世界上树叶多的是，古往今来的树叶有无穷多，不可能一一加以比较。另一方面，宫女们即使找到两片“一样”的树叶，也否定不了莱布尼茨的命题，因为可能存在着肉眼，甚至显微镜也发现不了的细微差别。

莱布尼茨的命题自身证明了自身：如果完全一样，就不叫做两个事物，而是同一个事物了。事实上，两个事物在空间占的位置总是不一样的。比如两个电子，我们无法指出两个电子之间有什么不同，除了它们占有不同的位置。

“完全一样”，本身是一个模糊概念。

国旗上的大五角星和小五角星，可以说是一样的，因为形状和颜色一样。也可以说不一样，因为大小不一样。

一样可以有种种的标准。数学在研究“一样”这个概念时，就舍弃了所有的标准，注意力集中于它的结构特性。

什么是“一样”呢？在数学看来，“一样”是一种关系，它可能存在于两个事物之间。这个关系应当满足三个条件。

（1）任何事物自己与自己是一样的。

（2）如果甲和乙一样，乙就和甲一样。

（3）如果甲和乙一样，乙和丙一样，那么甲就和丙一样。

满足这三条的关系，叫等价关系。

在几何学中，两个三角形之间的全等关系、相似关系、等积关系，都是等价关系。

所谓一样，就是提供了一个把事物进行分类的方法，同一类的事物被认为是一样的。根据不同的目的，可以有各种分类方法。莱布尼茨说“没有两件事物完全一样”。这里，“完全一样”意味着：对事物进行分类时，每一类只有一件事物，当然不可能有两件事物完全一样了。

松圆规和紧圆规的一样与等价性

尺规作图看似简单，实则奥妙无穷，具有挑战性，能够培养数学思维和数学能力。其历史悠久，影响深远，特别是古希腊三大几何难题更是吸引了无数数学爱好者。随着人们数学水平的提高，从最开始的尺规作图，又引发出了单尺作图、单规作图、锈规作图等更高难度的作图。

要挑战这些难题，首先要搞清楚直尺和圆规能做什么。欧几里得在《几何原本》中已经作了严格说明。他提出两条基本的作图法则。

（1）过不同两点可作一直线。

（2）已知 A，B 两点，以 A 为圆心，以 A 到 B 间的距离为半径，可作一圆。

这两条法则，实际上只能用理想的圆规和直尺才能实现：直尺要足够长，圆规的跨度要能大能小。实际上这是办不到的。尺规作图题成千上万，怎能一一证明都能用现实尺规代替理想尺规呢？实际上，只要证明用圆规能完成下面两项基本任务就够了。

（1）已知 A，B 两点和圆 O，求直线 AB 与圆 O 的交点。

（2）已知 A，B，C，D 四点，AB 与 CD 不平行，求直线 AB 和 CD 的交点。

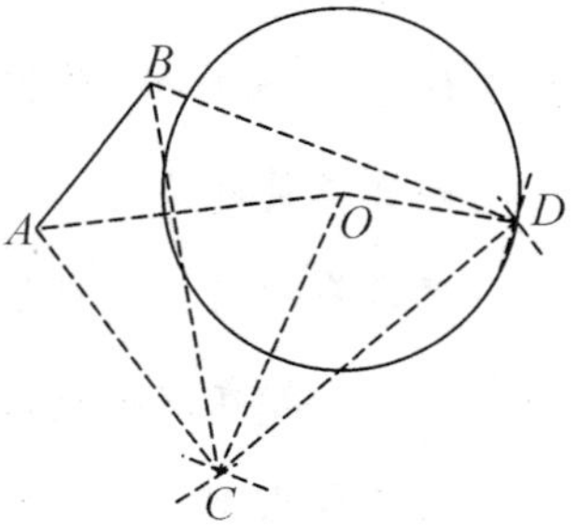

图12.13-1

请感兴趣的读者参看尺规作图的相关文献。这里要强调的是：欧几里得此处使用的圆规和我们现在使用的圆规不一样。现在用的圆规，可以“以任意点 O 为圆心，以任意两点 A，B 间的距离为半径，作一圆”。也就是说，我们能将圆规拿起来，而圆规保持夹角不变，能拿到另外的地方再作刚才所作半径的圆。但欧几里得的圆规，一旦离开纸面，就松散了，不能保持原有夹角。由此，可能有人会认为：现代人用的圆规比欧几里得易散架的圆规的用途更大。其实不然，两种圆规的作用是一样的。

如何证明呢？只需解决这样一个问题即可。已知平面上 A，B，O 三点，运用法则（2），作一个以 O 为圆心，AB 为半径的圆。

作法：如图12.13-1所示，分别以 A，O 为圆心，AO 为半径作圆，取两圆交点之一为点 C；分别以 B，C 为圆心，BC 为半径作圆，取两圆交点之一为点 D；以点 O 为圆心，以 OD 为半径作圆，此圆即为所求。

道理很简单，易证$\triangle ABC\cong\triangle ODC$，可得$AB=OD$。甚至可以将$OD$看做是以$C$为中心，将$AB$旋转$60^{\circ}$得到的。这一经典模型直到今日，还常常出现在教科书和习题集中。

尺规作图给人启发：既能把千变万化的作图分解成若干个基本作图的组合；又能将看似不一样的工具使用起来效果一样。这种化繁为简、等价证明的作图法实在是太神奇了，其中的数学思想值得深入研究。

衣服的一样与不一样

一个人进商场买衣服，看到一个柜台上摆了两件衣服。看不出两件衣服有什么不同，但有一件标价200元，有一件标价500元。此人心想：这不是一模一样的衣服么？怎么价格不一样呢？于是，他对售货员说：你如果能说出这两件衣服有何不同，我就买了这两件衣服。售货员马上就把这两件衣服给包了起来，说：这两件衣服的价格是不同的！

顾客认为，价格一样，那么衣服应该是一样的。反过来，衣服一样，那么价格应该也是一样的。价格不一样，则说明这两件衣服必然存在不同之处。

而售货员却认为，这两件衣服的不同之处就在于价格不一样。

顾客基于前提：衣服属性包括用料、款式、大小、颜色等。他认为的两件衣服一样，是指在这些属性方面一样。这些属性的总和决定了衣服的价格。

售货员基于前提：衣服属性除了包括用料、款式、大小、颜色等，价格也属于属性之一。所以两件衣服是不一样的。

关于衣服的一样与不一样，在《韩非子》中还有一个经典笑话《乙妻缝裤》：郑县人乙子，使其妻为裤。其妻问曰："今裤何如?"夫曰："象吾故裤。"妻子因毁新，令如故裤。

逻辑等价与完全相同

哲学家老子是个辩证法高手。在他的书中，类似"信言不关，英言不信。善者不辩，辩者不善。知者不博，博者不知"的句子随处可见。

有人不解，老子为什么一句话要说两遍呢？这是因为逻辑等价不等同于完全相同。

俗语：好货不便宜，便宜没好货。

设好货为 p，便宜为 q，则 $p \Rightarrow \neg q \Leftrightarrow q \Rightarrow \neg p$。

两句话从逻辑上是等价的，但给人的感觉则大不相同。前一句话让人想起的是高档货，而后一句话则让人想起便宜货。

初中数学有一命题：三角形的任何两边之和大于第三边；任何两边之差小于第三边。

两句话逻辑上是等价的。但对没学过不等式移项的初学者而言，两者却是截然不同的。

12.14　物极必反

中国有句古语，叫做“物极必反”。

这和辩证法的“否定之否定”是一致的。它是说，事物发展到了一定程度，将会向反面转化。

那么，什么叫“极”呢？“极”就是到了头，到了顶点。什么叫到了顶点呢？就是只能回头了，就是要“反”了。

“极”与“反”有逻辑上的联系。如果没有反，就是还不到“极”的时候。这么一分析，一句极富启发意义的警句成了同义反复，使人颇为扫兴。

其实，逻辑上的同义反复并不一定没有意义，关键是涉及的概念有没有生命力。“极”这个概念，来自客观世界的沧海桑田、风云变幻，来自人们对新陈代谢现象的认识，它是有生命力的概念。

有人认为数学没给人以新的东西，因为所有的结论都包含在概念的定义之中了。这是不错的。本质上，数学命题是同义反复，甚至结论比前提还要贫乏。但是，如果不给出数学的证明，谁又知道这是同义反复呢？直角三角形画在黑板上，看来简单明白，一览无遗，不经过逻辑推理，谁能想到斜边的平方恰巧是两直角边的平方和呢？

象棋与围棋的千变万化，都是简简单单的几条规则的逻辑推论，没有给出任何新的东西。游戏尚且有如此丰富的内容，更何况概念源于气象万千的现实世界的数学了。

数学家是否该被人笑话

数学的研究，常常需要从条件推导结论，达到从已知到未知。

有人想：若从条件能推出结论，则说明条件蕴涵结论，你所做的推导并没有产生新的东西。若从条件推不出结论，那就更糟糕，白忙活了。

基于这样的看法，有人编了一个故事来笑话数学家。

有两个人乘热气球在山谷里迷失方向。看到地面上有人，于是便问："我们在哪里?"地面上那人想了很久，回答道："你们在热气球里。"

这时，气球上的一个人对另一个人说："这个人一定是个数学家。""何以见得?""首先他很谨慎，考虑了很久，并不像政客那样信口开河；其次他的答案绝对正确；最后他的答案根本没什么用处。"

《庄子》中的同义反复

《庄子》有云：一尺之棰，日取其半，万世不竭。这句话流传到今天，在数学教学中多处使用，通常处理方式是$\frac{1}{2}+\frac{1}{4}+\frac{1}{8}+\cdots+\frac{1}{2^n}=1-\frac{1}{2}<1$。其实，细想一下，用得着这么辛苦列式计算么？既然每次取一半，也就说明每次都有剩余，自然就是万世不竭了啊！

《庄子》中还记载了先秦哲学家惠施的名言：至大无外，至小无内。有学者将至大、至小理解成无穷大、无穷小；有学者认为，至大是对宇宙无限扩张的猜测，至小则与欧几里得关于点的定义一致，都是"没有部分"。若从同义反复的角度来看，外部没有东西，自然是最大；如果外部还有东西未包含在内，能被称为至大么？对于至小也是如此。

12.15 论怀疑

亚里士多德说："我爱我师，但我更爱真理"，这是对权威的怀疑。

孟子说："尽信书则不如无书"，这是对书本的怀疑。

"我思故我在"，是笛卡儿的经典名言，但这并不是笛卡儿哲学的出发点。就如同欧几里得编著《几何原本》一样，一个相对完善的理论体系都需要选择一些基本命题作为公理，并在此基础上构筑起思想大厦。地基的重要性不言而喻。选择怎样的地基才是牢靠的呢？

笛卡儿认为：一切从怀疑开始。他在《哲学原理》中开宗明义地说："因为我们生下来的时候是儿童，早在能够充分运用理性之前，已经对感性事物作出了各式各样的判断，所以有许多成见摆在那里作梗，使我们不能认识真理。看来我们只有一种办法摆脱这些成见，就是在一生中有那么一次把我们稍微感到可疑的东西都拿来怀疑一次。"

这段话体现了笛卡儿怀疑论的精髓：一是我们判断中有相当多的成见，因而必须加以怀疑；二是我们不必怀疑一切，而只要怀疑那些"稍微感到可疑的东西"。怀疑而并非绝对的怀疑主义，怀疑的目的是为了得到某些能够确信的东西。

笛卡儿是从怀疑走向"我思故我在"的。他甚至怀疑"我"是否存在。这听起来有点匪夷所思，但就如同庄周梦蝶的故事，是庄周梦到蝶，还是蝶梦到庄周，谁也说不清。笛卡儿认为只有思维是真实的存在。思维需要一个思的主体，这个主体就是"我"。我在是蕴涵在我思之中的。

所以说笛卡儿的怀疑是很彻底的。

假如媒体报道：有专家实验证明，麦当劳的汉堡可以放一年而保持不坏。一般人关注的可能是：汉堡真的一年不坏么？笛卡儿则会先质疑：这个专家真的存在么？是不是子虚乌有，记者杜撰出来的呢？

现代社会，虚假信息太多，捕风捉影的很多，无中生有的也不少，足见笛卡儿式的怀疑还是有用武之地的。

罗素也是很有怀疑精神的，下面这件小事就足以说明这一点。

罗素小时候，哥哥教他：若 $A=B$，$B=C$，则 $A=C$。罗素对此很怀疑。

罗素的怀疑并不是没道理。该结论的成立是需要传递性来做保证的，并不是所有性质都具备传递性。传递性也并不显然，若将上式中的等号改成不等号，结论就会出问题了。

假定 60 分及格，59 分和 60 分差不多，也及格；而 58 分和 59 分差不多，也及格……最后的结论就是 0 分也及格。又如同学关系：A 和 B 是同学，B 和 C 是同学，A 和 C 未必是同学。又如猜拳：剪刀赢布，布赢石头，但剪刀不能赢石头。

在哲学家当中，休谟的怀疑理论是最具数学味的。休谟面对可疑的问题，并不是直接肯定或者否定，而是去比较两个对立面哪一个更可信一些。

基督教的《圣经》记载有耶稣复活的故事，说耶稣被仇敌钉死、被门徒埋葬以后，过了三天又活了起来，出离了坟墓。后来，还有门徒证明，说看到了耶稣现身。

休谟对此表示怀疑，他说，“以下哪种比较有可能：人死而复生，还是编造谎言?”

休谟的观点已经很明确了。虽然他拿不出明确的证据证明耶稣复活是真的还是门徒撒谎，但以个人经验判断，编造谎言容易得多。

这一判断方法被后人称为休谟原则。当对遇到的问题缺乏了解、无法判断的时候，我们只能分析哪一方的观点更合理，更应该被接受。

有资料记载：“拉马努金首先推测，$e^{\sqrt{163}\pi}$是一个整数 262537412640768744，因为他计算得到结果为 262537412640768743.999999…。1972 年，人们用计算机计算，居然得到小数点后直到 200 万位都是 9。”

对于这样的信息，我们应该表示怀疑。为什么呢？如果说小数后 10 位都是 9，还是可以接受的，数学中确实存在比较特殊的数，只有与众不同，才会被单独挑出来说事。如果说小数后 100 位都是 9，这已经叫人很怀疑了，有这么特殊的数么？如果是人为构造，还是有可能的，但这个数看起来很天然啊！资料却告诉我们小数点后直到 200 万位都是 9，这让人无法相信。我们虽无证据，但宁愿相信资料有误。

用计算机计算得：

$$\exp(\pi\sqrt{163})=262537412640768743.99999999999925007259719818568887 93$$

538563373369908627075374103782106479101186073129511813461860645041930838879497538640449057287144771968148523224320391164782914886422827201311783170650104522268780 1…

进一步查阅资料，发现说“拉马努金首先推测”也有误，法国数学家埃尔米特在此之前已经做过这方面的工作了。

原来上面有些资料，如“小数后直到200万位都是9”等，是在1975年4月1日愚人节时发表的！

休谟原则不是绝对公理，但具有较强的实用性，且容易掌握。但人毕竟不能时刻保持理性，更多时候人是一种感性的动物，趋利避害是一种本能，大多数人还是不自觉地往好的方向去想。

譬如坐飞机，都知道飞行是可能出故障的，但此时的人们看到的是不出故障的那一面。

譬如买彩票，明明知道中大奖的可能性微乎其微，但大家买彩票的积极性还是很高，这是小概率事件确实存在给人带来的侥幸心理。也许大家换个角度，当看到不中奖的概率是99.99999…%的时候，可能买彩票的人就会少些。

数学家也好，哲学家也罢，凡有志于追求真理者，都需要有一点怀疑精神。怀疑，不等于盲目排斥，其本质在于独立思考。人云亦云做不出真学问。

休谟原则是很有科学性的。人类面对太多不解的问题，我们不能只是疑，而是要根据已有的知识去做尽可能可靠的判断。所作判断是否真的准确，那还需要更多的信息来支撑。但现在，也只能如此解释了。

鲁迅先生曾言：怀疑并不是缺点。总是疑，而并不下断语，这才是缺点。

12.16 量变与质变

量变引起质变，在数学中到处可以找到例子。

平面与圆锥面相截，截口的几何特性随平面与圆锥轴线的交角而变化。交角是直角时，截口是圆；稍变一点，圆成了椭圆；再变，再变，到一个关键之点，椭圆成了抛物线；过了这一点，又变成双曲线了。

实系数二次方程有一个判别式。判别式大于零、小于零或等于零分别使方程有相异实根、复根或相同实根。

无穷级数的种种收敛判别法大都依赖某个参数，参数到了一定界限，级数就发散。

一个十分活跃的研究领域——分支理论，研究的正是决定性过程中参变量的变化在哪些关键点导致质变和如何产生质变。

辩证法有三条基本规律：对立统一规律、量变质变规律、否定之否定规律。如果要问，为什么会有这么三条规律？哲学家会如何解答呢？在这三条规律背后，有没有更基本的原理呢？

也许，能够从数学角度加以说明。

一个事物的性质最终可以用一串数描述，它可以被看成是一个有穷维或无穷维的以时间为自变量的向量值函数。事物的变化，无非是向量的各个分量的变化——增加与减少，因为数的变化只能如此。增加与减少，正是对立与统一的两个方面。

函数有连续点与不连续点。一般说来，自然界的一切都可以用解析函数来描述。解析函数除个别点外都是连续的。当事物的变化与联系不能保持函数的连续性时，也就是到达间断点时，人们就说事物发生了质的变化。

函数的变化有两种基本形式：单调增减与周期变化。两种基本形式的组合是螺旋运动。螺旋运动的每一个环节，都可以看成是一个否定之否定的过程。

哲学要研究的是关于自然、社会和思维普遍规律的科学。这种普遍规律只有与具体内容脱离之后才能成为普遍适用的规律。只有数学的抽象，才能完成描述这一普遍规律的任务。

数学是一切科学的工具，它能够也应当成为哲学的工具。现代西方哲学家致力于使哲学语言精确化，这种努力有助于使数学进入哲学。辩证唯物主义哲学家不应当仅仅把这一重要领域看成是其他学派的专利。马克思在百忙中还认真学习数学，写出了有重要思想价值的《数学手稿》。而当时的数学，正像恩格斯所说，在社会科学中的应用几乎等于 0。如果马克思活到今天，看到数学无孔不入地渗入一切学科的局面，《数学手稿》的续集，很可能涉及数学在哲学中的应用。

12.17 罗素与“事素”

罗素被西方哲学界公认为当代最伟大的哲学家。他有一个始终如一的信念，就是坚信人能认识无可怀疑的真理。为此，他投身于数学研究，希望在数学领域建立起可靠真理的根据地，再把可靠性的范围推广到其他学科。

他的努力产生了《数学原理》这一巨著，然而其用逻辑证明数学的初衷并未实现。

罗素的哲学生涯与数学和物理学紧密联系着，他汲取了现代物理学的成果，从相对论得到启示，提出世界的本原既不是物质，也不是精神，而是一种中立的“事素”。

其实，事素无非是事物在某一时刻的断面。如果事物是一部影片，事素就是一个镜头，这个镜头仍是由物质的瞬间状态构成的。

物质在空间上构成事素，事素在时间上构成事物。事素的出现不是跳跃的、无规则的，而是随时间连续变化的，这种连续性表明事素是确定的事物的瞬时状态。

罗素一再强调，事素是独立于人的经验而存在的，也就是说，是在人的主观意识之外的。在这一点上，他的事素与唯物论的物质几乎没有区别，只不过加了“瞬时性”于物质而已。

但是罗素有一点没弄通。他认为独立于人的经验之外的事素，其状况和性质又以人的意志为转移，这构成了他的世界观的基本点：承认意识之外的存在，而这个存在是以人的意志为转移的、相对的。

他这种看法来自相对论对“同时性”的批判。传统物理观念中，时间均匀地、独立地流逝着，“同时性”是绝对的。但是在相对论的理论之下，两个事素 A 和 B，在某个观察系统中是同时发生的，在另一个观察系统中可能 A 先于 B，在第三个观察系统中可能 B 先于 A。究竟谁先谁后，并没有一个客观的物理标准。因此他认为，事素的性质是相对的，与人的约定有关。

其实，事素的先后，只能取决于观察系统，并不取决于人的主观意志。先后与观察系统有关，这种关系就是事素的客观性质。数学家惯于使用坐标变换来研究几何图形。几何图形有些性质与坐标系无关，有些性质与坐标系有关。这并没有什么奇怪，也不能由此得出几何图形性质以人的意志为转移的结论。几何图形的那些不依赖坐标系的性质，叫做坐标变换下的不变性质。

过去，在牛顿物理学的框架里，人们以为时间与距离是坐标变换下的不变量。在相对论之下，坐标变换下的不变量不再是时间与距离了，而是与时间距离都有关系的“间距”。间距是事物不依赖观察系统的性质。这就表明，归根结底，事物的性质是客观存在的。

不同的观察系统之间存在着确定的变换，这种变换在数学上形成一个“变换群”。相对论与经典物理学的不同，从数学上看，不过是用一个变换群代替了另一个变换群而已。如果说在新变换群之下同时性与距离是相对的，而间距是绝对的，那么，旧变换群之下间距则是相对的，而同时性与距离是绝对的。人为什么认为同时性、距离那么重要，而间距就不那么重要呢？一句话，存在决定意识。人长期按牛顿物理学的框架思维，形成了这种看法。

罗素认为相对论证明了存在以人的意志为转移，无非是因为他一时扭转不了牛顿框架形成的思维定势而已。如果他本来认为“间距”是客观的，那么，他就将得出牛顿理论证明存在是以人的意志为转移的了。

罗素在这一点上，并没有形成数学思维的习惯。

看来，数学思维对于哲学是有用的，特别是在现代科学向哲学提出了一系列问题的今天。

思考和讨论

1. 结合哲学和科学发展的历史事实，你能列举一些曾经被哲学家关心而现在不再是哲学讨论对象的问题吗？

2. 你能够列举一些数学和哲学相互影响的事实吗?

3. 什么叫做“存在”?梦中看到的东西是否存在?

4. 牛顿在数学推理中运用无穷小从而发现了微积分，这一度成为哲学关注的对象。现在发现不用无穷小也能建立微积分，你认为应当如何从哲学角度看这个问题?

5. 收集网上的资料，思考先有鸡还是先有鸡蛋的问题，并尝试提出类似的问题。

6. 在人类发明象棋以前，象棋的规律是否存在?太阳上没有水，有关水的规律在太阳上是否成立?在数学家不知道三次方程的求根公式之前，这个公式是否存在?

7. 什么样的命题才是科学的命题?

8. 时间是连续的吗?运动是连续的吗?实数系统是客观存在的吗?

9. 你读了第十二章有哪些感想?你赞成其中的哪些观点，反对或怀疑哪些观点?你能提出一些关于数学与哲学相关的问题或想法吗?